Anjaly C. Sunny

# Desenvolvimento de um sistema de fertirrigação automatizado alimentado por energia solar

Anjaly C. Sunny

# Desenvolvimento de um sistema de fertirrigação automatizado alimentado por energia solar

## Um estudo prático

ScienciaScripts

**Imprint**
Any brand names and product names mentioned in this book are subject to trademark, brand or patent protection and are trademarks or registered trademarks of their respective holders. The use of brand names, product names, common names, trade names, product descriptions etc. even without a particular marking in this work is in no way to be construed to mean that such names may be regarded as unrestricted in respect of trademark and brand protection legislation and could thus be used by anyone.

Cover image: www.ingimage.com

This book is a translation from the original published under ISBN 978-3-659-15001-2.

Publisher:
Sciencia Scripts
is a trademark of
Dodo Books Indian Ocean Ltd. and OmniScriptum S.R.L publishing group

120 High Road, East Finchley, London, N2 9ED, United Kingdom
Str. Armeneasca 28/1, office 1, Chisinau MD-2012, Republic of Moldova, Europe
Printed at: see last page
**ISBN: 978-620-7-76767-0**

# *Dedicado aos meus queridos pais e irmã*

### RECONHECIMENTO

Chega então o momento de olhar para trás, para o caminho percorrido durante o esforço e de recordar os rostos e os espíritos por detrás da ação com um sentimento de gratidão. Nada de significativo pode ser realizado sem os actos de assistência, as palavras de encorajamento e os gestos de ajuda dos outros membros da sociedade.

É com imenso prazer que aproveito esta oportunidade para exprimir o meu profundo sentimento de gratidão ao meu orientador principal, o Dr. Abdul Hakkim, V. M., Professor e Diretor do *Departamento de LWRCE, KCAET, Tavanur, pela sua excelente orientação, carinho, paciência, apoio financeiro para o trabalho e por me ter proporcionado um excelente ambiente para a investigação. Considero a minha maior sorte ter a sua orientação para o meu trabalho de investigação e a minha obrigação para com ele dura para sempre.*

*Expresso os meus sinceros agradecimentos ao* Dr. Haji Lal, M.S., *Reitor, KCAET, Faculdade de Engenharia e Tecnologia Agrícola, pelo apoio que me deu durante a realização do trabalho de projeto. Os meus sinceros agradecimentos ao* Dr. M. Sivaswami, *antigo reitor do KCAET, Faculdade de Engenharia e Tecnologia Agrícola, pela orientação e apoio infalíveis que me deu durante a realização do trabalho de projeto.*

*Expresso o meu profundo sentimento de gratidão e agradecimento ao meu membro consultor,* Dr. Musthafa Kunnathadi, *Professor Assistente, ARS Anakkayam. Agradeço os seus valiosos conselhos, o seu imenso interesse pelo tema, a sua abordagem paternal e o seu constante encorajamento durante todas as fases do meu trabalho de tese.*

*Agradeço profundamente aos membros do meu comité consultivo,* Dr. Rema, K.P., *Professor, Departamento de Engenharia de Irrigação e Drenagem, KCAET, Tavanur, pela sua ajuda, sugestões valiosas, avaliação e encorajamento durante todo o período de trabalho do projeto e ao* Dr. Sathian, K.K., *Professor, Departamento de LWRCE, KCAET, Tavanur, pelos seus valiosos conselhos e apoio moral durante o trabalho do projeto.*

*É com enorme prazer que registo os meus profundos agradecimentos ao* Sr. Jubail , *Farm Manager, ARS Anakkayam, pelos seus conselhos especializados, orientação inspiradora, sugestões valiosas, críticas construtivas, conselhos carinhosos e, acima de tudo, pela extrema paciência, compreensão e cooperação sincera durante todo o trabalho do projeto.*

*Os meus sinceros agradecimentos à* Sra. Shahidha, *directora agrícola, ARS Anakkayam, pelas suas valiosas sugestões, encorajamento e carinho. Também gostaria de agradecer aos meus queridos investigadores associados* Likhitha P.N., Shirona, Akhila Jayesh, Mufeedha, Dr. Abhilash e Bronisha *e ao assistente de ensino* Ajay Gokul *pela sua maravilhosa ajuda e encorajamento durante todo o período de trabalho do projeto.*

*Não cumpriria o meu dever se não agradecesse à* Sra. Sunathi Roy, *assistente qualificada, ARS, Anakkayam e à* Sra. Subheesh, T.P., *mão de obra, ARS, Anakkayam, pelo seu apoio moral e físico para a realização atempada da experiência. Estou extremamente grato a todos os trabalhadores, em especial ao* Sr. P.K. Sundharan, *pela sua cooperação e apoio durante a realização da experiência laboratorial.*

Os meus agradecimentos especiais e sinceros ao Dr. Surendran, U., Cientista, CWRDM, pelo seu apoio moral e de investigação durante o meu trabalho de investigação, e agradeço especialmente ao Er. Jinu, A., pelo seu apoio moral e valiosas sugestões.

Os meus sinceros agradecimentos à minha querida professora, Dra. Asha Joseph, Assistente do Diretor, LH KCAE, Tavanur, por me ter dado autorização para ficar em Anakkayam durante o curso do meu estudo.

É com grande prazer que expresso os meus sinceros agradecimentos especiais aos meus colegas de grupo pelo seu apoio, encorajamento e cooperação entusiástica em cada passo do meu trabalho de tese. Agradeço de todo o coração aos meus queridos amigos Tintu, Bijan, Mubeena, Teena, Rashid, Arjun, Aswin, Anju e Rohith pelo seu amor, carinho, encorajamento e apoio moral que me ajudaram a ultrapassar todas as adversidades e circunstâncias tediosas.

Não tenho palavras para exprimir a minha gratidão aos meus queridos pais e à minha amada irmã Ardhra pelas suas bênçãos, apoio desinteressado, paciência sem limites, orações, inspiração, sacrifícios, interesse incansável e amor eterno que mantém a paz na minha vida. Estou eternamente em dívida para com o meu querido irmão Aby, V.P., sem cujas bênçãos e apoio não teria concluído este trabalho.

Expresso o meu profundo sentimento de gratidão à Universidade Agrícola de Kerala pelo apoio financeiro e técnico para a persuasão do meu estudo e trabalho de investigação.

Seria impossível enumerar todos aqueles que, de uma forma ou de outra, me ajudaram a concluir com êxito este trabalho. Mais uma vez, expresso os meus sinceros agradecimentos a todos aqueles que me ajudaram a concluir este projeto a tempo.

*Acima de tudo, agradeço a "Deus Todo-Poderoso" pela sua bênção e apoio, que me ajudaram a concluir este projeto.*

*Anjaly C Sunny*

# ÍNDICE DE CONTEÚDOS:


**CAPÍTULO 1**      6

**CAPÍTULO 2**      8

**CAPÍTULO 3**      23

**CAPÍTULO 4**      41

**CAPÍTULO 5**      54

# SÍMBOLOS E ABREVIATURAS

| | | |
|---|---|---|
| °C | : | Degree Celsius |
| % | : | Percent |
| + | : | Plus |
| - | : | Minus |
| > | : | Greater than |
| ARS | : | Agricultural Research Station |
| ADC | : | Analog to Digital Converter |
| Cm | : | Centimetre |
| CLOSYS | : | CLOsed SYStem for water and nutrient management |
| CCD | : | Charge coupled device |
| CPU | : | Central Processing Unit |
| DC | : | Direct Current |
| *et al.,* | : | And co workers |
| EC | : | Electrical Conductivity |
| EU | : | European Union |
| FYM | : | Farm Yard Manure |
| FDR | : | Frequency Domain Reflectometer |
| FIP | : | Fertilizer Injection Pump |
| GI | : | Galvanized Iron |
| Ha | : | Hectare |
| HP | : | Horse Power |
| H | : | Hours |
| KAU | : | Kerala Agricultural University |
| KCAET | : | Kelappaji College of Agricultural Engineering and Technology |
| Kg | : | Kilogram |
| kg/ha | : | Kilogram per hectare |
| L | : | Litre |
| LAI | : | Leaf Area Index |

| LCD | : | Liquid Crystal Display |
|---|---|---|
| LDPE | : | Low Density Polyethylene |
| LLDPE | : | Linear Low Density Polyethylene |
| Lph | : | Litre Per Hour |
| MAP | : | Mono ammonium phosphate |
| MCU | : | Micro Controller Unit |
| ml/l | : | Millilitre/Litre |
| Mm | : | Millimetre |
| N | : | North |
| NCEA | : | National Centre for Engineering in Agriculture |
| pH | : | Negative logarithm of hydrogen ion |
| PVC | : | Poly Vinyl Chloride |
| |S | : | Second |
| TDR | : | Timer Domain Reflectometer |
| t/ha | : | Tonnes per hectare |
| UV | : | Ultra Violet |

# CAPÍTULO 1
# INTRODUÇÃO

A Índia tem de aumentar a área de produção, conservar a água e outros recursos naturais para satisfazer a procura de alimentos e fibras, face ao aumento da taxa de crescimento demográfico. Atualmente, os agricultores são confrontados com o desafio de satisfazer uma procura cada vez maior de alimentos seguros e de alta qualidade. Em todo o caso, estas exigências devem ser satisfeitas de forma economicamente viável, protegendo simultaneamente os recursos naturais e o ambiente. A água, os suplementos, a energia e o trabalho são factores determinantes da eficiência e do lucro das explorações agrícolas.

Devido à importância e às vantagens das questões relacionadas com o excesso, a escassez e a deterioração da qualidade, a água, enquanto fonte, requer uma atenção especial. O atual cenário dos recursos hídricos na Índia, tanto em termos de qualidade como de quantidade, alerta e exige uma utilização judiciosa da água nos próximos anos. A forma como a Índia lidava com a gestão da água no passado já não se justifica, uma vez que a distância entre a procura de recursos hídricos e a capacidade de renovação dos recursos é cada vez mais limitada.

Embora os projectos de irrigação tenham contribuído para a melhoria dos recursos hídricos, as técnicas comuns de transporte de água e de irrigação, sendo excessivamente gastadoras, não só provocaram o desperdício de água, mas também deram lugar a alguns problemas naturais, como o alagamento, a salinização e a degradação do solo, tornando ineficientes os benefícios agrícolas. Tem-se verificado que a utilização de estratégias avançadas de sistemas de irrigação como o sistema de gotejamento e aspersão é a principal escolha para a utilização eficaz dos recursos hídricos superficiais e subterrâneos.

Simca Blass, um engenheiro hidráulico, iniciou a aplicação gota a gota de água às plantas através do sistema de rega gota-a-gota no início dos anos 40, em Israel. Posteriormente este sistema de rega estabeleceu-se em países como a América, Austrália, África do Sul, Sul da Europa, etc. (Alam e Kumar, 1980). Na Índia foi introduzido no início dos anos 70 e durante os últimos anos este sistema começou a ganhar impulso e cerca de 4 lakh ha de terras cultivadas na Índia utilizam este sistema de irrigação. Entre os diferentes estados, Maharashtra é o estado líder com 6.04.440 ha de micro irrigação, seguido de Andhra Pradesh com 5.05.205 ha e Tamil Nadu com 2.26.773 ha em março de 2010. Prevê-se igualmente que a área projectada de 10 milhões de hectares seja submetida à microirrigação até 2020/2025. Cerca de 55% da área total do Estado de Kerala, com um clima tropical húmido, é cultivada. De acordo com os registos da Direção de Economia e Estatística, a área bruta irrigada no Estado em março de 2010 era de 4,54 lakh ha e a área líquida irrigada era de 3,86 lakh ha. A área líquida irrigada diminuiu de 3,99 lakh ha em 2008-09 para 3,86 lakh ha em 2009-10 e apenas 16,34% da área cultivada líquida é irrigada. A área sob micro irrigação em Kerala é tão baixa quanto 15.885 ha (2010). Por conseguinte, ainda existe uma ampla margem de manobra para este método de irrigação em Kerala. Foram feitos esforços na Índia para apresentar o quadro do sistema de micro irrigação ao nível do agricultor por volta de 1980. Nos últimos 25 anos, o sistema de micro irrigação aumentou a sua energia de cerca de 1500 ha em 1955 para mais de 0,5 milhões de ha atualmente (Narayanamoorthy, 2006).

A expansão da agricultura através da irrigação e o aumento da utilização de fertilizantes podem criar contaminação por níveis alargados de nutrientes nas águas subterrâneas e superficiais. A necessidade de um método mais eficiente de aplicação de fertilizantes surgiu devido a algumas razões como a extração de nutrientes do solo a taxas alarmantes, o declínio da resposta das culturas aos fertilizantes, a não uniformidade do consumo de fertilizantes e, por conseguinte, a não uniformidade da produção. No entanto, o enfraquecimento da relação entre a utilização de fertilizantes e a produção de géneros alimentícios, o esgotamento dos fertilizantes no solo devido à utilização inadequada e desequilibrada de fertilizantes, aumentou a procura de técnicas melhoradas de aplicação de fertilizantes em relação aos métodos convencionais. Consequentemente, a gestão judiciosa dos suplementos vegetais acessíveis através de vários fertilizantes deve ser atendida. Técnicas científicas avançadas para sistemas de irrigação por gotejamento e aspersão e programação baseada em sensores em tempo real podem ser utilizadas para melhorar a eficiência do uso da água e fertilizantes, uma vez que o sistema é colocado uniformemente em torno das raízes da planta, o que permite a rápida absorção de nutrientes pela planta.

A adoção da fertirrigação pelos agricultores depende em grande medida dos benefícios dela decorrentes e, em Kerala, a fertirrigação encontra-se na sua fase introdutória. O seu êxito em termos de melhoria da produção depende da eficiência com que as plantas absorvem os nutrientes. São também necessários uma programação e intervalos adequados para fornecer nutrientes numa altura em que as plantas os necessitam. A adoção da fertirrigação em todo o mundo tem mostrado resultados favoráveis em termos de eficiência na utilização de fertilizantes e qualidade dos produtos, para além dos impactos ambientais positivos. A escolha de vários fertilizantes solúveis em água é vasta e, por conseguinte, a seleção deve basear-se na propriedade de evitar a corrosão, o amolecimento da rede de tubos de plástico, a solubilidade na água e a segurança na utilização no terreno.

O sistema de fertirrigação automatizado é um sistema altamente avançado de automação de gotejamento para administração de água e fertilizantes na agricultura. Ele promete a aplicação de água na quantidade certa com o fertilizante certo na hora certa, reduzindo o custo de mão de obra, economizando dinheiro com a ajuda de um mecanismo automatizado. A utilização de um sistema de fertirrigação automatizado pode ajudar os produtores a fazer escolhas correctas que podem afetar essencialmente a utilização da água e dos fertilizantes e diminuir as perdas de fertilizantes. Alguns sistemas automatizados são capazes de integrar a programação da rega com as actividades de dosagem de nutrientes, enquanto outros sistemas apenas gerem o equipamento de dosagem de nutrientes.

O presente estudo foi realizado com o objetivo de desenvolver um sistema de fertirrigação automatizado e avaliar o seu desempenho. O sistema desenvolvido é totalmente alimentado por energia solar e a sua eficácia é também testada para controlar o processo de mistura de fertilizantes e a injeção de soluções nutritivas em várias fases de crescimento da cultura. Os objetivos específicos do estudo são:
1. Desenvolvimento de um sistema de fertirrigação automatizado alimentado por energia solar.
2. Avaliar o desempenho do sistema de fertirrigação automatizado desenvolvido em laboratório.
3. Avaliação de campo do sistema de fertirrigação automatizado alimentado por energia solar desenvolvido dentro de uma estufa com cultura de pepino para salada.

CAPÍTULO 2

# REVISÃO DA LITERATURA

A irrigação desempenha um papel importante na agricultura. A produtividade das culturas pode ser aumentada através da irrigação em intervalos de tempo adequados e em proporções correctas. No entanto, o elevado custo da mão de obra deu lugar ao aparecimento de sistemas de rega automatizados. Para qualquer cultura, a aplicação programada de fertilizantes é altamente inevitável para obter o máximo rendimento. A irrigação por gotejamento, juntamente com a fertirrigação, ajuda a economizar água e fertilizantes e, ao mesmo tempo, aumenta a quantidade e a qualidade do produto (Vargheese *et al.*, 2014).

## 2.1 Irrigação por gotejamento e suas vantagens

A irrigação por gotejamento é o método mais eficiente para fornecer água à taxa necessária perto da zona da raiz da cultura. A rega gota-a-gota é um sistema de alta tecnologia que está a ser aceite e adotado, especialmente em áreas de escassez de água.

Haynes (1985) ilustrou que a rega gota-a-gota ou diária foi desenvolvida particularmente para condições de produção agrícola e hortícola de regadio intensivo e ganhou grande aceitação não só porque conserva a água mas também porque permite uma gestão mais eficaz das aplicações de água ou fertilizantes do que outras técnicas de rega.

Nakayama e Bucks (1991) descobriram que o alto potencial métrico do solo na zona radicular é mantido com a ajuda do manejo de alta freqüência de água por gotejamento. Ele fornece as necessidades diárias de água para uma porção da rizosfera de cada planta e reduz o stress hídrico da planta.

As principais vantagens da irrigação por gotejamento incluem o fornecimento lento de água imediatamente acima ou abaixo da superfície do solo, o que ajuda a minimizar a perda de água devido ao escoamento, evaporação e vento e, além disso, reduz o crescimento de ervas daninhas. O aumento da eficiência do uso da água na irrigação por gotejamento resulta em melhor qualidade de produção, que é uniforme e é esta uniformidade que o torna adequado para a automação. Causa o mínimo de danos à estrutura do solo e também permite o uso em áreas onduladas e solos de baixa permeabilidade. As manchas de mofo, manchas e deterioração experimentadas com o excesso de pulverização da irrigação por aspersão podem ser eliminadas com o uso do gotejamento. Também reduz a incidência de doenças foliares em comparação com os métodos de irrigação por aspersão (Hochmuth e Smajestrla, 2003).

Os baixos requisitos de volume da rega gota-a-gota favorecem a aplicação de água em áreas com escassez de água. Um controlador AC (Corrente Alternada) ou alimentado por bateria é suficiente para gerir um sistema de rega gota-a-gota. Acima de tudo, requer menos mão de obra e energia.

No entanto, a precipitação, a acumulação de sal e o entupimento dos povoamentos são as desvantagens deste sistema de irrigação (Wilson e Bauer, 2005).

## 2.1.2 Impacto da irrigação por gotejamento no crescimento e produtividade da cultura

Singh *et al.* (2000) fizeram uma tentativa de estudar o efeito da irrigação por gotejamento em comparação com a irrigação convencional no crescimento e na produtividade do damasco para calcular sua necessidade de irrigação. A irrigação por gotejamento a 80% da evapotranspiração da água deu um crescimento significativamente maior e uma produtividade de frutos de 8.6 toneladas por hectare comparado com a irrigação por superfície. A cobertura plástica e a irrigação por gotejamento aumentaram ainda mais a produção de frutas para 10,9 toneladas por hectare. A irrigação por gotejamento, além de economizar 98% da irrigação, resultou em 3,3 toneladas métricas por hectare de maior produção de frutos.

Ashokaraja e Kumar (2001) realizaram estudos sobre micro irrigação que provaram que a irrigação por gotejamento é uma ferramenta eficaz para a conservação dos recursos hídricos. Os estudos revelaram que 40 a 70 por cento de economia de água foi alcançado pela irrigação por gotejamento em comparação com a irrigação de superfície e em algumas culturas em local específico a produtividade aumentou até 100 por cento.

A resposta da batata sob irrigação por gotejamento e cobertura plástica foi estudada por Jain et al. (2001). A maior eficiência de uso da água foi encontrada em 3,24 t/ha- cm para o tratamento irrigado com sistema de gotejamento a 80% com cobertura morta em comparação com 2,17 t/ha-cm do tratamento controle.

Narayanamoorthy (2001) ilustrou os benefícios da micro-irrigação em termos de poupança de água e os ganhos de produtividade foram substanciais em comparação com as mesmas culturas cultivadas sob o método de irrigação por inundação. Para além de ser benéfico para os agricultores, o desenvolvimento da irrigação também ajuda a aumentar as oportunidades de emprego e a taxa de remuneração dos trabalhadores agrícolas sem terra, sendo ambos essenciais para reduzir a pobreza entre as famílias de trabalhadores sem terra.

A necessidade de água, a produtividade e a economia da irrigação por gotejamento em litchi foram estudadas por Singh et al. (2001) no campo do agricultor em Uttar Pradesh. Foi constatado que a boa qualidade do rendimento comercial da litchi variou de 12,5 a 16 toneladas métricas por hectare para o sistema de gotejamento.

O volume total de água aplicado foi de 282 mm para a irrigação por gotejamento durante quatro meses de operação do sistema. A relação custo benefício da lichia irrigada por gotejamento foi de 3,91 e para a lichia irrigada por superfície foi de 3,05.

A resposta à ureia fertilizante com irrigação por gotejamento e comparada com a irrigação por sulco convencional por dois anos. A aplicação de nitrogênio através da irrigação por gotejamento em dez parcelas iguais com oito dias de intervalo economizou 20-40% de nitrogênio comparado com a irrigação por sulco quando foi aplicado em duas parcelas iguais. Da mesma forma, uma maior produção de frutos de 3,7 a 12,5 por cento foi obtida com 31 a 37 por cento de economia de água pelo sistema de gotejamento. Eficiência do uso da água na irrigação por gotejamento, o nível de nitrogênio foi de 68 e 77% em média maior do que a irrigação por superfície em 1995 e 1996, respetivamente. Com uma taxa de aplicação de nitrogênio de 120 kg/ha, a produtividade máxima de tomate de 27,4 e 35,2 toneladas por hectare em dois anos foi registrada (Singhandhube et al., 2003).

Bozkurt e Mansuroglu (2009) realizaram estudos para investigar os efeitos dos métodos de irrigação por gotejamento e diferentes níveis de irrigação na qualidade, produtividade e características de uso da água da alface cultivada em estufa solar. Os resultados obtidos revelaram que a maior produtividade foi obtida com a irrigação por gotejamento subsuperficial a 10cm de profundidade da linha de gotejamento e 100 por cento da taxa de evaporação Pan Classe A. A eficiência do uso da água e a eficiência do uso da irrigação aumentaram com a redução da irrigação.

Singh (2009) conduziu estudos sobre a irrigação por gotejamento que resultaram em um aumento significativo na produção e na eficiência do uso da água na batata. Em Udaipur foi relatado que além da economia de água, a produtividade dos tubérculos de batata foi alta e o crescimento de ervas daninhas foi menor na irrigação por gotejamento em comparação com a irrigação por superfície.

## 2.2 Fertirrigação

As principais vantagens da fertirrigação por gotejamento são a economia de água, mão de obra e tempo. Ele também fornece distribuição uniforme de fertilizantes e causa menos danos à cultura e ao solo. Isto também oferece uma oportunidade para a aplicação precisa de fertilizantes solúveis em água e outros nutrientes para o solo em concentrações desejadas e momentos apropriados e todos estes, em última análise, proporcionam uma maior produtividade (Kumar, 1992).

O sistema de irrigação deve ser concebido de modo a funcionar eficientemente e a fornecer a solução nutritiva a uma taxa e pressão constantes a partir da linha de fluxo principal. Deve também assegurar uma distribuição eficiente e uniforme dos nutrientes para as plantas. Os fertilizantes seleccionados devem ser completamente solúveis sem deixar quaisquer resíduos. (Gowda, 1996).

A absorção e a utilização de nutrientes são afectadas por vários factores, como as espécies vegetais, a disponibilidade de água, o meio de cultura, o seu pH, a radiação solar, a temperatura e a humidade na estufa. Por conseguinte, para obter uma produtividade sustentada das culturas em estufa, é essencial uma gestão correcta dos meios de cultura e um programa de fertirrigação adequado. Uma aplicação excessiva ou desequilibrada de nutrientes resultaria num crescimento inadequado das plantas (Mortvedt, 1997).

A fertirrigação é uma das técnicas recentes de aplicação de nutrientes no solo através de um sistema de micro irrigação. O sistema permite a aplicação de várias formulações de fertilizantes diretamente na zona ativa da raiz. O sistema de fertirrigação está a tornar-se mais popular devido às suas vantagens, como a maior eficiência na utilização de fertilizantes, o aumento da disponibilidade de nutrientes para a planta, a poupança de fertilizantes na ordem dos 20-40%, o fornecimento regular de nutrientes às culturas nas proporções certas e no momento certo, a poupança de mão de obra e de energia e a facilidade de aplicação de produtos químicos para além dos fertilizantes para fins específicos (Khan *et al.*, 1999).

Os sistemas de rega gota-a-gota requerem uma boa gestão e são geralmente dispendiosos. Ele reduziu a taxa de aplicação de água e aumentou a eficiência do uso de nutrientes. A perda de nutrientes da zona radicular foi reduzida no sistema de fertirrigação (Loccascio, 2000).

Manickasundaram (2005) referiu que os fertilizantes fornecidos pelos métodos tradicionais de irrigação não são efetivamente utilizados pelas culturas, ao contrário do que acontece com a fertirrigação, em que a água e os fertilizantes são eficientemente utilizados pelas plantas. Estudos realizados em várias culturas comerciais, hortícolas e de elevado valor revelaram que a adoção desta tecnologia melhora o rendimento e a qualidade das culturas. É também altamente benéfica para a comunidade agrícola, reduzindo o custo de produção. Além disso, a sustentabilidade da saúde do solo é alcançada para uma melhor produtividade e redução dos riscos ambientais.

### 2.2.1 Vantagens da fertirrigação

A fertirrigação permite aplicar os nutrientes de forma precisa e uniforme apenas na zona radicular molhada, onde a concentração de raízes activas é maior, o que, por sua vez, aumenta a eficiência de aplicação do fertilizante, o que resulta na redução da quantidade de fertilizante aplicada. Isto não só reduz os custos de produção, como também diminui o potencial de poluição das águas subterrâneas causada pela lixiviação do fertilizante. A fertirrigação permite adaptar a quantidade e a concentração dos nutrientes aplicados de modo a satisfazer as necessidades efectivas de nutrientes da cultura ao longo da estação de crescimento. As outras vantagens da fertirrigação são as seguintes

> Rápido e cómodo.
> Elimina a aplicação manual.

➢ Elevada eficiência e poupança de fertilizante até 20 - 40%.

➢ Aumenta notavelmente a eficácia da aplicação, permitindo assim uma redução da quantidade de fertilizante aplicado.

➢ Poupança de energia, tempo e trabalho.

➢ A aplicação de fertilizantes pode ser efectuada para as plantas de acordo com as suas necessidades durante as várias fases de crescimento.

➢ Minimiza a perda de nutrientes.

➢ Os nutrientes podem ser aplicados mesmo que o estado do solo ou da cultura não permita a entrada no campo pelo método de aplicação convencional.

➢ Os nutrientes maiores e menores que são compatíveis podem ser aplicados juntos numa única solução através da irrigação.

➢ O fornecimento de nutrientes pode ser regulado e monitorizado mais cuidadosamente.

➢ Os solos ligeiros podem ser cultivados.

➢ Menor lixiviação de fertilizantes. (Imas, 1999)

## 2.2.2 Factores a ter em conta para uma fertirrigação eficaz

A fertirrigação eficaz requer a consideração de muitos factores, como as características de crescimento das plantas, que incluem as necessidades de fertilizantes e os padrões de enraizamento, a química dos fertilizantes, incluindo a compatibilidade da mistura, a precipitação, o entupimento e a corrosão, a química do solo, como a mobilidade e a solubilidade dos nutrientes, e os factores de qualidade da água, incluindo o pH, os riscos de sal e sódio e os iões tóxicos.

## 2.2.3 Solubilidade dos fertilizantes

A quantidade máxima de fertilizante que pode ser completamente dissolvida numa determinada quantidade de água destilada a uma determinada temperatura é chamada solubilidade desse fertilizante. A solubilidade do adubo depende da temperatura. Quando a temperatura diminui durante o outono, as soluções de fertilizantes armazenadas durante o verão podem formar precipitados. Por isso, recomenda-se diluir as soluções armazenadas no fim do verão (Imas, 1999). A Tabela 2.1 mostra a solubilidade de alguns fertilizantes a diferentes temperaturas.

**Quadro 2.1 Solubilidade do adubo e temperatura (g/lOOg de água)**

| Temperature | KCl | $K_2SO_4$ | $KNO_3$ | $NH_4NO_3$ | Urea |
|---|---|---|---|---|---|
| 10°C | 31 | 9 | 21 | 158 | 85 |
| 20°C | 34 | 11 | 31 | 195 | 103 |
| 30°C | 37 | 13 | 46 | 242 | 133 |

Fonte :(Imas, 1999)

## 2.2.4 Interação dos fertilizantes e da água de irrigação
## 2.2.4.1 Qualidade da água

Quando o fertilizante interage com a água com alto teor de cálcio, magnésio e bicarbonatos, podem ocorrer problemas graves como a formação de precipitados no tanque de fertirrigação e, consequentemente, o entupimento de gotejadores e filtros. Em amostras de água com altos teores de bicarbonatos de cálcio, o uso de fertilizantes sulfatados pode causar a precipitação de CaSCh, interferindo nos gotejadores e filtros. A utilização de ureia provoca a precipitação de CaCCh, uma vez que a ureia aumenta o pH.

A presença de altas concentrações de cálcio e magnésio na água e valores elevados de pH levam à formação de fosfatos de cálcio e magnésio em reação com o fósforo aplicado. Estes precipitados resultantes depositam-se nas paredes dos tubos e nos orifícios dos gotejadores e assim o sistema de rega pode ficar completamente entupido. Ao mesmo tempo, o fornecimento de fósforo à raiz é prejudicado. Por isso, ao escolher fertilizantes fosfatados com altas concentrações de cálcio e magnésio, recomenda-se a utilização de fertilizantes fosfatados ácidos, como o ácido fosfórico e o MAP (fosfato monoamónico) (Imas, 1999).

## 2.2.4.2 Entupimento

No caso de entupimento do sistema de gotejamento por precipitação de bicarbonato, o uso de fertilizante com reação ácida corrige parcialmente o problema, mas pode causar corrosão dos componentes metálicos do sistema e também pode danificar os tubos de cimento e amianto. Para dissolver os precipitados e assim evitar o entupimento, recomenda-se a injeção periódica de ácido no sistema de fertirrigação. Podem ser utilizados os ácidos fosfórico, nítrico, sulfúrico e clorídrico, entre os quais o ácido clorídrico é amplamente utilizado devido ao seu baixo custo. A injeção de ácido através do sistema também removerá as bactérias, algas e lodo. O sistema de irrigação e injeção deve ser cuidadosamente lavado após a injeção do ácido (Imas, 1999).

## 2.2.4.3. Fertirrigação em condições salinas

Os fertilizantes são sais e, por conseguinte, quando a água salobra é utilizada para irrigação, contribui para o aumento da CE (Condutividade Eléctrica) da água de irrigação. Quando a água de irrigação tem CE >2dS/m e a cultura é sensível à salinidade, a quantidade de iões acompanhantes adicionados com N ou K deve ser reduzida. Por exemplo, para evitar a acumulação de cloreto na solução do solo para uma cultura muito sensível ao cloreto, o KNO3 é preferível ao KC1. Esta prática diminui a queima de folhas causada pelo excesso de cloro. Os fertilizantes com baixo índice salino devem ser escolhidos para as culturas de estufa cultivadas em contentores com um volume radicular restrito. Uma gestão correcta da rega em condições salinas inclui a aplicação de água acima das necessidades de evaporação da cultura, de modo a que haja excesso de água para passar através da zona radicular e levar consigo os sais, o que é conhecido como lixiviação. Esta lixiviação evita assim a deposição e o armazenamento do excesso de sal na zona radicular e é conhecida como necessidade de lixiviação (Imas, 1999).

## 2.2.4.4 Mistura de fertilizantes

Quando um fertilizante é dissolvido em água, a solubilidade do fertilizante deve ser considerada, caso contrário pode formar-se um precipitado que pode entupir o sistema de irrigação. Além disso, os nutrientes que deveriam ser fornecidos através da solução podem não estar totalmente disponíveis. Quando se mistura um adubo que contém um elemento comum, como o nitrato de potássio, com o sulfato de potássio, a solubilidade do adubo diminui. Nesse caso, não podemos considerar apenas os dados de solubilidade do fertilizante mostrados na Tabela 1. A solubilidade da mistura terá de ser determinada por tentativa e erro (Anon., 2008).

## 2.2.4.5 Compatibilidade dos fertilizantes

Alguns fertilizantes não devem ser misturados num tanque de armazenamento devido à formação muito rápida de um sal insolúvel. Exemplos de tais incompatibilidades são:

> O nitrato de cálcio com qualquer sulfato ou fosfato resulta na formação de precipitados de sulfato de cálcio e fosfato de cálcio, respetivamente.

> O sulfato de amónio com cloreto de potássio ou nitrato de potássio resulta na formação de um precipitado de sulfato de potássio.

Para controlar os precipitados, pode ser feito um ensaio em frasco, no qual os adubos são misturados exatamente na mesma concentração que se pretende utilizar nos tanques de reserva, num frasco contendo a mesma água utilizada na rega. Se se formar um precipitado ou se a solução tiver um aspeto turvo, o teste deve ser repetido com concentrações mais baixas dos fertilizantes (Anon., 2008). A compatibilidade de alguns dos fertilizantes mais utilizados é apresentada no quadro 2. 2.

## Quadro 2.2 Tabela de compatibilidade de fertilizantes

| Fertilizer | Urea | NH₄NO₃ | (NH4)₂SO₄ | Ca(NO₃)₂ | KCl | K₂SO₄ | MAP | MgSO₄ | H₃PO₄ |
|---|---|---|---|---|---|---|---|---|---|
| Urea | C | C | C | C | C | C | C | C | C |
| NH₄NO₃ | C | C | C | C | C | C | C | C | C |
| (NH4)₂SO₄ | C | C | C | NC | C | LC | C | C | C |
| Ca(NO₃)₂ | C | C | NC | C | C | NC | NC | NC | NC |
| KCl | C | C | C | C | C | LC | C | C | C |
| K₂SO₄ | C | C | LC | NC | LC | C | C | LC | C |
| MAP | C | C | C | NC | C | C | C | NC | C |
| MgSO₄ | C | C | C | NC | C | LC | NC | C | C |
| H₃PO₄ | C | C | C | NC | C | C | C | C | C |

C - Compatível, LC - Compatível limitado, NC - Não compatível

Fonte : (Chandran *et al.*, 2011)

## 1.1 .4.6 Corrosividade dos adubos

Alguns fertilizantes são corrosivos e é preciso ter cuidado ao selecionar os fertilizantes e o material utilizado na construção do sistema. O quadro 2.3 abaixo ilustra o grau de corrosividade dos metais normalmente utilizados com alguns fertilizantes **Quadro 2.3 Corrosividade dos fertilizantes**

| Kind of metal | Ca(No₃)₂ | (NH₄)₂SO₄ | NH₄NO₃ | Urea | H₃PO₄ | DAP |
|---|---|---|---|---|---|---|
| Galvanized iron | 2 | 4 | 4 | 1 | 4 | 1 |
| Sheet aluminium | No | 1 | 1 | No | 2 | 2 |
| Stainless steel | No | No | No | No | 1 | No |
| Bronze | 1 | 3 | 3 | No | 2 | 4 |
| Brass | 1 | 2 | 3 | No | 2 | 4 |

Nenhum, 1-Leve, 2-Moderado, 3-Consertável, 4-Severo

Fonte: (Anon., 2008)

## 2.1.4.7 pH do solo

O valor de pH para uma disponibilidade óptima de todos os nutrientes situa-se na gama de 66,5 (Anon., 2008). O principal fator que afecta o pH na zona radicular é a relação NH4/NO3 na água de irrigação, especialmente em solos arenosos e substratos inertes com baixa capacidade de tamponamento. O pH rizosférico determina a disponibilidade de fósforo, uma vez que afecta o processo de solubilização ou precipitação e dessorção ou adsorção de fosfatos. O pH também influencia a disponibilidade de micronutrientes (Fe, Zn e Mn) e a toxicidade de alguns deles.

A forma de azoto absorvida pela planta afecta o equilíbrio catião-anião e a produção de carboxilatos na planta.

Quando a absorção de NH4 é predominante, a planta absorve mais catiões do que aniões, o $H^+$ é excretado pelas raízes e o pH rizosférico diminui. O NH4 é uma fonte indesejável de azoto para algumas culturas (tomate, morangos) quando a temperatura na zona radicular é superior a 30°C, uma vez que afecta negativamente o crescimento radicular e o desenvolvimento da planta, pois inibe a absorção de outros catiões como o $Ca^{2+}$, $Mg^{2+}$ e $K^+$.

A planta absorve mais aniões do que catiões, quando os aniões NOs" são absorvidos e o excesso de aniões é compensado por uma maior síntese de carboxilatos que é acompanhada pela produção e descarga de OH" e ácido dicarboxílico através das raízes para o solo. O pH da zona radicular aumenta à medida que o OH" libertado aumenta e o ácido orgânico exsudado aumentará a disponibilidade de fósforo, uma vez que os carboxilatos são adsorvidos especificamente a óxidos de ferro e argilas do solo, libertando o fósforo adsorvido para a solução do solo (Imas, 1999).

Por conseguinte, a nutrição com 100% de nitratos aumentaria o pH rizosférico até valores inesperados que diminuiriam a disponibilidade de micronutrientes e fósforo por precipitação. Por conseguinte, recomenda-se uma mistura de azoto com 20% de amónio e 80% de nitratos para regular o pH.

## 2.3 Metodologia de fertirrigação

Para aumentar os benefícios da fertirrigação, devem ser tomados cuidados especiais na seleção dos fertilizantes e do equipamento de injeção, bem como na gestão e manutenção do sistema.

### 2.3.1 Preparação de fertilizantes
### 2.3.1.1 Preparação da solução de reserva

Os adubos sólidos, como o sulfato de amónio, a ureia, o cloreto de potássio e o nitrato, são misturados com adubos líquidos, como o ácido fosfórico, para preparar uma solução de reserva feita à medida. A solução pode ser facilmente preparada in situ com um mínimo de mistura e com menos instalações em condições de campo. A solução de reserva é então injetada no sistema de irrigação, a taxas de 2-10 $1/m^3$, dependendo das concentrações desejadas de N, P e K.

### 2.3.1.2 Mistura de adubo sólido composto

Foi concebido para a fertirrigação entre os três elementos principais N, P e K com diferentes rácios como 20-20-20. Algumas composições incluem microelementos sob a forma de quelatos.

### 2.3.1.3 Soluções de fertilizantes líquidos compostos

Como se encontra na forma de solução, a concentração total de nutrientes é muito baixa (5-3-8; 6-6-6). É utilizado especificamente em estufas.

## 2.3.2 Dosificação

Existem dois tipos diferentes de dosificação que podem ser escolhidos tendo em conta o tipo de solo, a cultura cultivada e o sistema de gestão da exploração.

### 2.3.2.1 Dosificação quantitativa

Neste tipo, uma concentração pré-determinada de nutrientes para as plantas é aplicada no sistema de irrigação. Um tanque de fertilizante é usado para aplicação de fertilizante num pulso após uma certa lâmina de água sem fertilizante (Imas, 1999). Este tipo de dosificação requer menos despesas e manutenção, mas o sistema é afetado pela variação da concentração do fertilizante e pela alteração da pressão da água durante a sua aplicação. Este método não permite a automatização.

### 2.3.2.2 Dosagem proporcional

Neste tipo, a água de rega recebe o fertilizante aplicado numa concentração estável, uma vez que os nutrientes são aplicados numa relação proporcional e constante com a lâmina de água. Os fertilizantes são injectados diretamente através de bombas de fertilização. Os méritos deste método incluem o momento de injeção que não é afetado pelas mudanças na pressão da água e o controlo preciso da dosificação. A automatização pode ser efectuada facilmente, mas requer custos e manutenção elevados (Imas, 1999).

## 2.3.3 Métodos de injeção de fertilizantes

O equipamento de fertirrigação deve ser escolhido de modo a que a quantidade de fertilizantes aplicada, a proporção de fertilizantes, a duração das aplicações e a hora de início e de fim possam ser reguladas. Por conseguinte, é importante selecionar um método de injeção de fertilizante que seja mais adequado à cultura a cultivar e ao sistema de irrigação adotado. Uma seleção incorrecta pode provocar danos no equipamento de rega e afetar a eficiência operacional do sistema de rega, reduzindo também a eficiência dos nutrientes.

Cada injetor de fertilizante é concebido para uma determinada gama de caudal e pressão. A maioria dos injectores disponíveis hoje em dia podem geralmente incluir o funcionamento automático, através da instalação de transmissores de impulsos que convertem os impulsos do injetor em sinais eléctricos.

Estes sinais controlam então a injeção de quantidades ou proporções predefinidas em relação ao caudal do sistema de rega. Os débitos de injeção também podem ser controlados por reguladores de caudal, válvulas de esfera resistentes a produtos químicos ou por unidades electrónicas ou hidráulicas de controlo e computadores.

O refluxo ou sifonagem da água e da solução fertilizante para os tanques de fertilizantes, para o abastecimento da irrigação e para o abastecimento doméstico pode ser evitado através da instalação de válvulas de retenção adequadas ou de válvulas anti-sifão. Os três métodos de injeção incluem

### 2.3.3.1 Injetor Ventury

Este é um dispositivo muito simples e de baixo custo. Devido à ação do ventury, é criado um vácuo parcial no sistema, que dá lugar à sucção de fertilizantes para o sistema de rega (Anon., 2008). Este vácuo é criado desviando uma porção do fluxo de água da linha principal e passando-o através de uma constrição, o que aumenta a velocidade do fluxo, criando assim uma queda de pressão. Quando a pressão cai, a solução fertilizante é sugada do tanque para o venturi através de um tubo de sucção, de onde entra na água de irrigação, como mostrado na fig. 2.1.

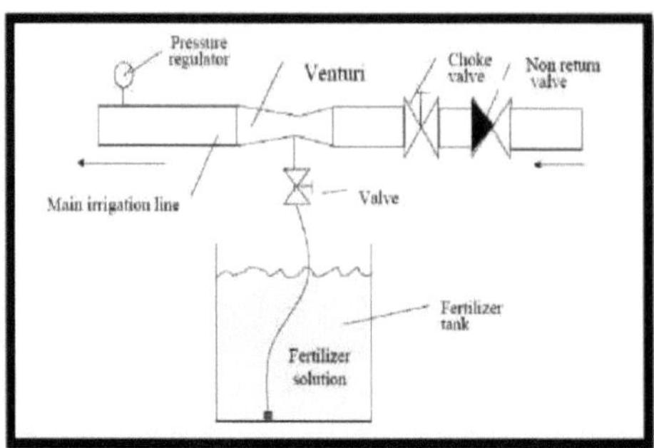

**Fig. 2.1 Injetor Ventury** Fonte: (Imas, 1999)

A Jain Irrigation Systems Limited realizou experiências sobre a avaliação do desempenho do injetor Ventury. Os resultados revelaram que o caudal motriz e a taxa de sucção do injetor ventury de % polegadas para uma pressão de entrada de 1 kg/cm$^2$ e uma pressão de saída de 0,2 kg/cm$^2$ eram correspondentemente 8,4 1/min e 70,8 Iph (Anon., 2008).

## 2.33.2 Bomba de adubo

A bomba de fertilizante é um componente padrão do sistema de cabeça de controlo. Neste sistema, um tanque não pressurizado é usado para conter a solução de fertilizante e pode ser injetado na água de irrigação em qualquer proporção desejada (Anon., 2008). Estas bombas são de pistão ou de diafragma, accionadas pela pressão da água dos sistemas de irrigação, de modo a que a taxa de injeção e o fluxo de água sejam mantidos proporcionalmente no sistema (Shirgure, 2013). A Fig. 2.2 mostra o princípio de funcionamento de uma bomba de fertilizante.

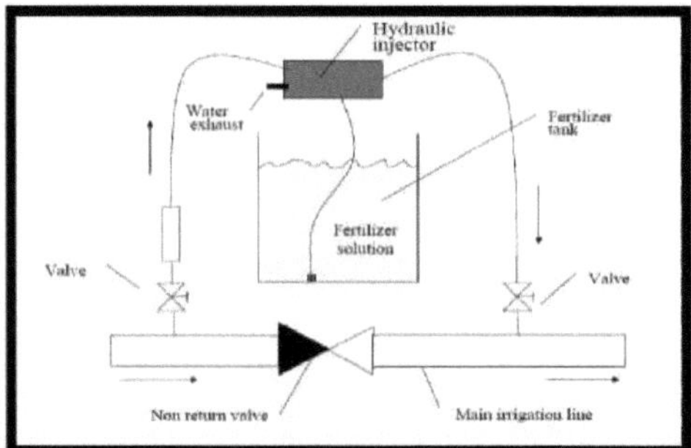

**Fig. 2.2 Bomba de fertilizante** Fonte: (Imas, 1999)

Boman *et al.* (2004) concluíram que o caudal do produto químico da bomba depende da pressão na linha principal de irrigação. Quanto maiores forem as diferenças de pressão na linha principal de irrigação, maior será o caudal na bomba.

## 2.3.33 Depósito de fertilizantes

Como mostra a fig. 2.3, neste sistema, um tanque contendo a solução de fertilizante é ligado ao tubo de irrigação no ponto de abastecimento e uma parte da água de irrigação é desviada da linha principal para fluir através de um tanque contendo o fertilizante numa forma fluida ou granular

(Anon., 2008). Uma válvula redutora de pressão é utilizada para criar uma ligeira redução de pressão entre os tubos de saída e de retorno do tanque, o que faz com que a água da linha principal flua através do tanque, resultando em diluição e fluxo do fertilizante diluído na água de irrigação.

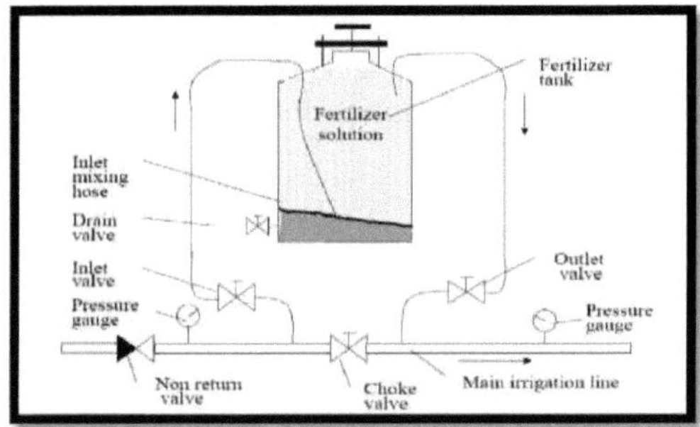


**Fig. 2.3 Tanque de fertilizantes** Fonte: (Imas, 1999)

Li *et* al. (2007) relataram que um tanque de pressão diferencial produziu um coeficiente de variação (Cv) consideravelmente mais elevado para a aplicação de água e fertilizante do que uma bomba proporcional ou um injetor ventury para um determinado tipo de emissor, devido à libertação de fertilizante a uma taxa decrescente pelo tanque de pressão diferencial.

A comparação dos diferentes tipos de equipamentos de fertirrigação é apresentada no quadro 2.4.

**Quadro 2.4 Comparação de equipamentos de fertirrigação**

| Characteristics | Ventury Injector | Fertilizer tank | Fertilizer pump |
|---|---|---|---|
| Use of granular/solid fertilizer | To be dissolved before application | Possible | To be dissolved before application |
| Use of liquid fertilizer | Possible | Possible | Possible |
| Discharge rate | Low | High | High |
| Concentration control | Medium | None | Good |
| Head loss | Very high | Low | Low |
| Ease of operation | Medium | High | Low |
| Price | Low (Rs. 1500 ) | Medium(Rs. 4000) | High (Rs. 12000) |

Fonte: (Chandran et *al.,* 2011)

## 2.4 Controlo

## 2.4.1 Plantas

A determinação do teor de nutrientes e da matéria seca em toda a planta é difícil, destrutiva e necessita de instalações laboratoriais. Por conseguinte, o estado nutricional da planta pode ser monitorizado no órgão de diagnóstico, cujas concentrações estão correlacionadas com o teor total de nutrientes na planta e constituem um bom indicador do estado nutricional da cultura

## 2.4.2 SoH

A amostragem do solo e a determinação das concentrações de nutrientes nos extractos é um método difícil e cansativo. Em vez disso, a solução do solo pode ser amostrada diretamente em copos de cerâmica porosa inseridos permanentemente no solo a uma certa profundidade e a solução é analisada periodicamente em laboratório.

## 2.4.3 Teste rápido no terreno

Isto permite uma rápida determinação do pH e do teor de nitratos, potássio e cloretos presentes aproximadamente na solução do solo e na seiva da planta, geralmente por tiras colorimétricas.

## 2.5 Gestão da fertirrigação em culturas de estufa

O cultivo de plantas em recipientes permite a recolha da água lixiviada e a sua comparação com a solução que sai dos gotejadores e a medição do pH, da CE e da concentração de nutrientes na solução lixiviada indica se os fertilizantes estão a ser aplicados em excesso ou em deficiência, e portanto permite a correção simultânea, se necessário, no regime de rega. Recomenda-se a comparação de ambas as soluções numa base diária.

## 2.5.1 Condutividade eléctrica

Um valor mais elevado de condutividade eléctrica na solução lixiviada do que na solução aplicada indica que a planta absorve mais nutrientes em comparação com a água e, por conseguinte, é necessário aplicar uma maior quantidade de água e, por outro lado, se a diferença entre os valores de condutividade eléctrica da solução lixiviada e da solução de entrada for superior a 0,4-0,5 ds/m, deve ser aplicada uma irrigação por lixiviação para lavar o excesso de sais (Imas, 1999).

## 2.5.2 Cloretos

Se a concentração de cloreto no lixiviado for superior à concentração de cloreto na solução de entrada e se esta diferença for superior a 50 mg/1, é indicada a acumulação de cloreto. A irrigação sem fertilizantes para lixiviar os cloretos é recomendada como solução neste caso.

## 2.5.3 pH

O valor ótimo do pH na solução de irrigação deve ser próximo de 6 e o da solução de lixiviação não deve exceder 8,5. Um pH mais alcalino na água de lixiviação indica que o pH na zona radicular atinge um valor que pode provocar a precipitação de fósforo e diminui a disponibilidade do micronutriente.

Quando o pH do lixiviado é superior a 8,5, o rácio NH4/NO3 deve ser ajustado aumentando ligeiramente a proporção de NH4 (Imas, 1999). Quando o pH da solução de irrigação é superior a 6, deve ser injetado ácido na solução para baixar o pH.

## 2.6 Impacto da fertirrigação no crescimento e no rendimento das culturas

Haynes (1985) estudou o uso da fertirrigação no sistema de irrigação por gotejamento. As vantagens da fertirrigação em um sistema de irrigação por gotejamento incluem a redução de mão de obra, aumento da flexibilidade de aplicação de fertilizantes e o aumento da eficiência do fertilizante. Com a ajuda da fertirrigação, o nutriente é colocado diretamente na zona da raiz da planta de acordo com a demanda em períodos críticos de crescimento da planta (Mikkelsen, 1989).

Uma experiência de campo para comparar a fertirrigação com N, P e K com a prática convencional de adição de fertilizantes em termos de rendimento, qualidade e retornos monetários foi conduzida por Bachav (1995). A fertirrigação a intervalos semanais foi considerada mais conveniente e economicamente rentável para os agricultores. .

Hagin e Lowengart (1996) afirmaram que a irrigação por gotejamento gera um sistema radicular restrito que requer o fornecimento frequente de nutrientes. A necessidade de nutrientes pode ser satisfeita através da aplicação de fertilizantes na água de irrigação. A maximização da produtividade e qualidade da cultura e a minimização das perdas por lixiviação abaixo do volume de enraizamento podem ser alcançadas através do manejo da concentração de fertilizantes na quantidade medida de água de irrigação de acordo com a necessidade da cultura.

Obteve-se o maior rendimento de frutos de 45,7 t/ha para o tomate com a aplicação da dose recomendada de fertilizantes, incluindo polyfeed (19:19:19), MAP (12:60:0) e ureia através de fertirrigação. O rendimento foi quase 22-27 por cento maior em comparação com os rendimentos obtidos com a aplicação de fertilizantes através do solo (Prabhakar e Hebber, 1996).

Srinivas (1999) afirmou que a aplicação de fertilizantes solúveis como ureia e muriato de potássio através da irrigação por gotejamento poderia trazer uma economia de 20-25 por cento no uso de fertilizantes, além de minimizar a poluição das águas subterrâneas através de nitrato - lixiviação de nitrogênio em uma extensão considerável. Também permite a possibilidade de usar fertilizantes de acordo com a demanda da cultura em diferentes estágios de crescimento.

Singh *et al.* (2001) investigaram a eficiência da utilização da água e dos nutrientes em brócolos germinados cultivados em solo franco-arenoso utilizando a fertirrigação. Os rendimentos obtidos mostraram que a fertirrigação permitia uma poupança notável nos fertilizantes aplicados, na ordem dos 20-40 por cento.

Kumari e Anitha (2006) fizeram uma experiência sobre a gestão de nutrientes num sistema de cultivo baseado na malagueta em Kerala. Observou-se um melhor crescimento e rendimento da malagueta, da fava e do amaranto quando tanto a malagueta como as culturas intercalares receberam uma dose de nutrientes de 100%. O rendimento da malagueta consorciada foi de 8917, 5598 e 4865 kg/ha com doses de nutrientes de 100, 75 e 50 por cento, respetivamente

Kumar et *al.* (2007) conduziram estudos na Estação de Pesquisa Agrícola de Bhavanisagar para aumentar a eficiência do uso de água e fertilizantes do sistema de gotejamento na cultura de brinjal. Os experimentos foram estabelecidos em um projeto de blocos fatoriais aleatórios com nove tratamentos que incluíram três níveis de irrigação 100, 75 e 50 por cento da evaporação da panela, juntamente com três níveis de fertirrigação, viz. 125, 100 e 75 por cento da aplicação recomendada de nitrogênio e potássio por fertirrigação e foram replicados três vezes. Em brinjal, foram registados rendimentos mais elevados com comprimento máximo de rebentos e número de ramos por planta no tratamento com 75% de evaporação com fertirrigação de 75% do nitrogénio e potássio recomendados.

Yasser et *al.* (2009) relataram o impacto da programação da fertirrigação na produção de tomate em condições áridas. Os resultados revelaram que a produtividade do tomate, a eficiência do uso da água e do fertilizante foram aumentados em 25,6, 49,3 e 20,3 por cento, respetivamente, sob gotejamento de superfície em comparação com o sistema de irrigação por aspersão de conjunto sólido. O custo de produção de tomate sob fertirrigação foi comparativamente menor do que o método tradicional de fertilização.

## 2.7 Automação da fertirrigação

Farina et al. (2007) efectuaram um teste em dois grupos equivalentes de bancadas elevadas de rosas sob cultivo sem solo com pó de coco como substrato. O primeiro grupo de bancadas tinha uma sonda Theta ML2x enterrada no substrato e estava ligada a um controlador original para automatização da fertirrigação. E no segundo grupo, a fertirrigação foi efectuada por um simples temporizador para um determinado tempo e duração da irrigação. A qualidade e a produção de flores foram avaliadas em ambos os grupos de bancadas. Observou-se uma poupança notável de nutrientes de 59% e uma forte redução do volume de solução drenada de 52% com um aumento da qualidade e do comprimento das flores no caso da automatização da fertirrigação com base na sonda Frequency Domain Reflectometer (FDR).

Um projeto da UE, o sistema CLOSYS (CLOsed SYStem for water and nutrient management), foi desenvolvido para criar um protótipo que fornece água e nutrientes de acordo com as necessidades da planta através de um sistema de recirculação. Este protótipo tem como objetivo controlar a produção e a qualidade, quer reduzindo a acumulação de nutrientes, quer corrigindo a carência na zona radicular num sistema fechado. Este protótipo inclui modelos da planta e do substrato integrados num sistema pericial que utiliza sensores do substrato e da planta, e um controlador em tempo real.

O modelo da planta permitiu simulações correctas dos parâmetros de crescimento e desenvolvimento, da concentração de nutrientes nas plantas e do consumo de água. O sistema pericial permitiu a interface entre o modelo da planta e do substrato. O controlador em tempo real permite o controlo do teor de humidade relativa e da condutividade eléctrica nas placas de substrato (Brajeul e Maillard, 2006).

Ahmad et al. (2011) efectuaram estudos sobre a abordagem da planta falante para o sistema de fertirrigação automática em estufa. A fim de fornecer água e nutrientes na quantidade e no momento certos, o estado das plantas pode ser observado utilizando uma câmara CCD (Charge Coupled Device) ligada a instalações de processamento de imagem para desenvolver uma abordagem de planta falante. O desenvolvimento das plantas durante o período de crescimento foi observado utilizando o processamento de imagens. A resposta do crescimento da planta nas mesmas condições foi monitorizada, e a resposta da planta foi utilizada como entrada para o sistema de fertirrigação para ligar e desligar a bomba eléctrica automaticamente, de modo a que o sistema de fertirrigação pudesse manter o crescimento das plantas.

Kaur e Kumar (2013) desenvolveram um sistema que inclui dois sensores para medir a condutividade eléctrica e o pH da solução de fertilizante e do solo. Os sinais de saída dos sensores de pH e CE são condicionados com cartões de condicionamento de sinal e depois ligados ao microcontrolador através do ADC (conversor analógico-digital) incorporado. O microcontrolador liga e desliga a válvula solenoide específica para lançar os fertilizantes no reservatório de mistura com base no pH e no nível de CE na solução do reservatório de mistura. O nível de pH e de CE da solução de fertilizante é mantido de acordo com as leituras de saída dos sensores de CE e de pH. O diagrama de fluxo da fertirrigação automatizada utilizando sensores é apresentado na fig. 2.4.

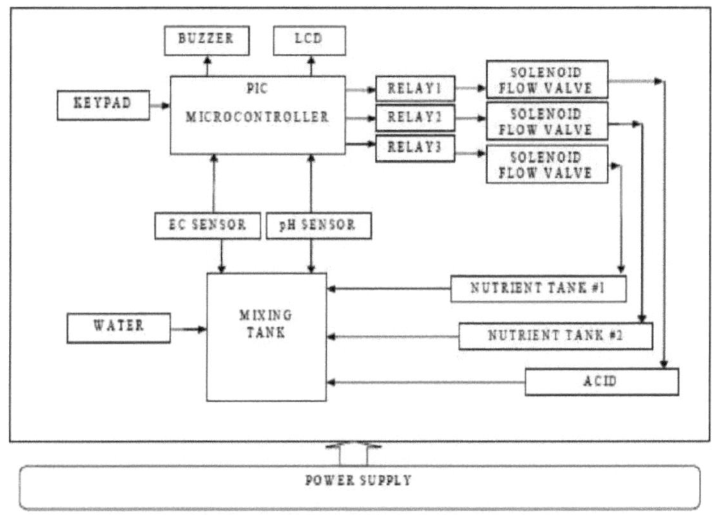


## Fig. 2.4 Sistema de controlo da fertirrigação

Fonte: (Kaur e Kumar, 2013)

Iacomi *et al.* (2014) desenvolveram uma técnica de fertirrigação controlada por computador que optimizou as entradas de água, nutrientes e pesticidas e protegeu os recursos naturais. O sistema utilizou as taxas correctas de nutrientes e água para as plantas, melhorando assim não só o desempenho do sistema de irrigação, mas também reduzindo os custos de insumos e aumentando o rendimento das culturas.

O principal conceito subjacente a esta investigação foi a poupança de água e a aplicação adequada de fertilizantes e pesticidas com a ajuda de um sistema de controlo inteligente e interativo para uma programação eficaz da fertirrigação. O sistema é composto por uma CPU (Unidade Central de Processamento), uma unidade de aquisição de dados e uma unidade de controlo. O software incorporado processa os dados obtidos do solo e das plantas através de sensores e comanda o fornecimento de quantidades adequadas de produtos químicos a bombear. É a unidade de condução que actua como interface entre a CPU e outros elementos do sistema, como bombas e válvulas, que são accionados de acordo com os comandos. O conceito de sistema de fertirrigação baseado em computador é ilustrado na figura 2.5.

Neto et al. (2014) desenvolveram um sistema automático para o controlo e aplicação em tempo real de solução fertilizante para a produção de tomate sem solo em substrato de areia em condições de estufa. A estratégia de controlo foi de acordo com as estimativas de transpiração pelo modelo de Penman-Monteith e na concentração de lixiviados por medições de CE. O desempenho do sistema de fertirrigação foi avaliado durante o cultivo do tomate. A produtividade da cultura comercial foi de 4,74 kg m$^{-2}$ e a média de sólidos solúveis totais dos frutos de tomate foi de 4,50 Brix. A eficiência do uso da água na cultura do tomate cultivado com o sistema desenvolvido foi de 17,94 kg m$^{-3}$ . Foram necessários 44,42 L de solução nutritiva para produzir 1 kg de frutos de tomate. O sistema foi eficiente no controlo da frequência dos ciclos de fertirrigação e da concentração da solução fertilizante preparada, ao mesmo tempo que acautelou e reduziu os problemas ambientais relacionados com a eliminação de efluentes e contribuiu para a economia de fertilizantes e de recursos hídricos.

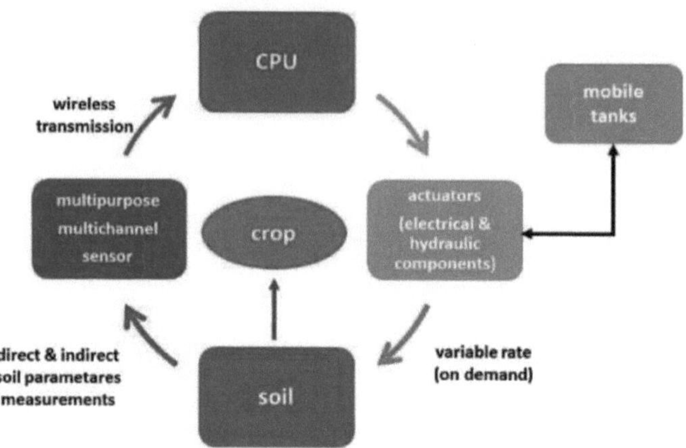


**Fig. 2.5 O conceito de sistema de fertirrigação baseado em computador**

Fonte: Iacomi *et al.* (2014)

Raine e McCarthy (2014) referiram-se a um software desenvolvido pelo NCEA (National Centre for Engineering in Agriculture) denominado "VARIwise". Trata-se de uma estrutura de software que executa e simula abordagens de controlo em campos com variações em todos os parâmetros de entrada à escala do subcampo. Os parâmetros de entrada são medidos utilizando sensores de solo no campo e câmaras de monitorização da cultura em tempo real. Os sistemas de controlo foram executados utilizando o VARIwise, quer por simulação através do modelo APSIM, quer por implementações no terreno utilizando actuadores de fertirrigação. Tanto a irrigação como as aplicações de fertilizantes são controladas com base na combinação de medições do solo e das plantas, resultados de modelos de culturas calibrados e modelação hidráulica.

## 2.8 Utilização da energia solar para a automatização da fertirrigação

Salih *et al.* (2012) desenvolveram um sistema de fertirrigação totalmente alimentado por energia solar e a sua eficácia foi testada no cultivo de cucumismelo L.. O sistema foi capaz de controlar o processo de mistura de nutrientes e a injeção de soluções nutritivas de acordo com a taxa de crescimento das plantas, monitorizando simultaneamente todos os parâmetros importantes no sistema de fertirrega, utilizando um valor predefinido de condutividade eléctrica como entrada única que controla todos os processos automatizados. A fonte de energia solar utilizada é constituída por um painel solar fotovoltaico monocristalino de 20 watts de dimensão 662x299x34 mm, um controlador de carga solar e uma bateria. Durante o estudo, o nível de tensão horária foi medido em condições nubladas e em dias de sol. O painel solar produziu um nível médio de tensão de 19,3 V durante os dias de sol e de 16,4 V durante os dias nublados. A energia média gerada pelo painel solar foi de cerca de 140 watts/hora/dia, enquanto o sistema consome apenas uma média de 10 watts/hora/dia. A energia restante após o consumo foi armazenada na bateria, que pode conter até 72 watts-hora/dia, pelo que o sistema foi capaz de funcionar até 7 dias sem sol.

# CAPÍTULO 3
# MATERIAIS E MÉTODOS

Este capítulo explica o desenvolvimento e o funcionamento do sistema de automatização da fertirrigação e a avaliação do seu desempenho.

A avaliação de campo do sistema de fertirrigação automatizado desenvolvido foi efectuada com a cultura do pepino salada numa estufa situada na Estação de Investigação Agrícola, Anakkayam.

Foi efectuada uma análise comparativa das observações biométricas e dos parâmetros de rendimento entre os dois grupos de culturas plantadas no interior da estufa, um fertirrigado automaticamente com o sistema desenvolvido e o outro com aplicação manual de fertilizantes, e também entre um terceiro grupo de plantas que foi cultivado em campo aberto com aplicação manual de fertilizantes.

## 3.1 Localização do estudo

A experiência foi efectuada numa estufa da Agricultural Research Station, Anakkayam, e numa parcela exterior à estufa. Geograficamente, o local da experiência situa-se a 11°5'2 "N Latitude e 76°7T3 "E Longitudes. O local situa-se a 25 m acima do nível médio do mar.

## 3.2 Tempo e clima

A zona tem um clima subtropical húmido, com a maior parte da precipitação proveniente da monção do sudoeste, seguida da monção do nordeste. O sítio experimental situa-se numa zona húmida. Os Verões são secos e quentes, enquanto o inverno é fresco. O sítio experimental é constituído por um solo laterítico com uma topografia ondulada. Os parâmetros meteorológicos, como a temperatura, a humidade e a intensidade da luz solar, foram medidos no interior e no exterior da estufa.

## 3.3 Período de estudo

O estudo foi realizado durante o mês de agosto de 2015 a março de 2016. O sistema foi desenvolvido e instalado na estufa durante o mês de agosto de 2015 a dezembro de 2015 e a avaliação do sistema no terreno foi efectuada durante o resto do período de estudo utilizando a cultura do pepino salada.

## 3.4 Sistema de automatização da fertirrigação

A aplicação manual de fertilizantes é um processo tedioso e trabalhoso. A aplicação de fertilizantes através de gotejamento economiza trabalho.

A fertirrigação automática permite que os agricultores forneçam a quantidade adequada de nutrientes e concentração, juntamente com a irrigação para a área de raiz ativa da planta durante toda a estação de crescimento automaticamente, economizando trabalho, dinheiro e tempo.

Um sistema automatizado foi desenvolvido através da configuração de circuitos lógicos entre vários componentes elétricos durante o estudo. A fertirrigação automatizada desenvolvida (Fig. 3.1) reduz a possibilidade de excesso ou falta de fertirrigação e também poupa mais mão de obra e será exacta em termos de dosagem e tempo.

23

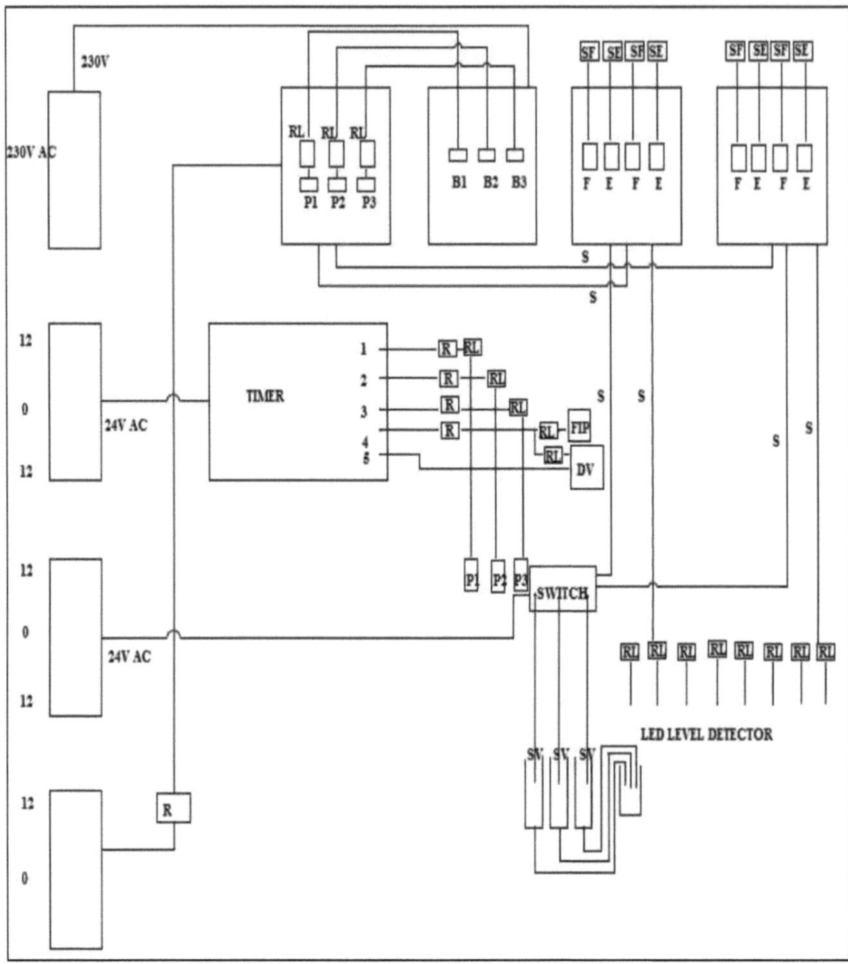


**Fig. 3.1 Circuitos lógicos do sistema**

**RL - Relé;Bl,B2,B3 - Borbulhador l,2e 3;F e E - Cheio e vazio; SF e SE - Sinal de cheio e vazio; R-Rectificadores; FIP- Bomba de injeção de fertilizante;S- Sinal; DV-Válvula gotejadora; P1,P2 e P3 - Bombas de fertilizante**

## 3.4.1 Depósitos de fertilizantes

Três tanques de fertilizantes são utilizados para armazenar soluções concentradas de fertilizantes individualmente. Cada tanque de fertilizante tem uma capacidade de 40 1 e os fertilizantes são enchidos manualmente nestes tanques. A água é enchida para fazer a solução através de válvulas solenóides por um interruptor de botão que, por sua vez, é controlado por sensores de nível. As electroválvulas de um determinado reservatório só se activam quando o reservatório está vazio e desactivam-se quando o reservatório está cheio, só permitindo o enchimento depois de o reservatório estar vazio. A Fig. 3.2 mostra um reservatório de fertilizante.

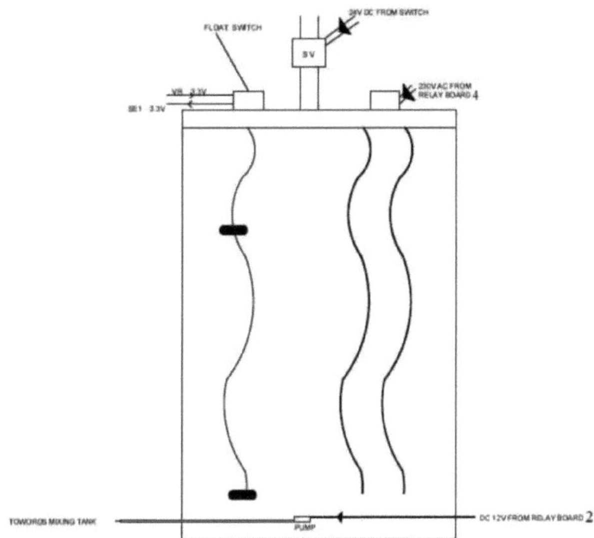


**Fig. 3.2 Depósito de fertilizantes**

## 3.4.2 Tanque de mistura

Todos os fertilizantes que são bombeados individualmente de cada tanque de fertilizantes chegam ao tanque de mistura, de onde são misturados completamente. O tanque tem uma capacidade de 10 1. E esta solução misturada é depois injectada na linha de gotejamento com a ajuda de uma bomba de injeção que é controlada por um temporizador e por sensores de nível.

## 3.4.3 Bomba de fertilizante

São utilizadas três bombas de fertilizante para bombear o fertilizante de cada depósito de fertilizante para o depósito de mistura. Cada bomba funcionará sequencialmente com o impulso do temporizador. As bombas devem ser calibradas antes de regular o temporizador. As bombas funcionam com 12 V DC em vez de 24 V AC do temporizador, pelo que estão ligadas através de um relé de 12V. Se o depósito estiver vazio, as bombas de fertilizante serão desactivadas mesmo que o temporizador envie um sinal para a bomba.

## 3.4.4 Bomba injectora de fertilizante

A bomba injetora de fertilizante (FIP) é usada para injetar fertilizante na linha de gotejamento. A FIP com uma taxa de injeção de 10 1/h é usada neste projeto. Funciona com 230 V. A Tabela 3.1 mostra as especificações da FIP usada no projeto.

**Quadro 3.1 Especificações do FIP**

| Particulars | Specifications |
| --- | --- |
| Electrical | 230 V AC, 50 Hz |
| Suction and delivery tubing | 4 mm |
| Dosing rate | 10 LPH at 4 Kg/cm$^2$ |
| Strokes/ Minutes | 400 |

## 3.4.5 Controladores de nível

Os controladores de nível são um conjunto de relés controlados por sensores de nível/interrutor de boia; estes controladores controlam a função da bomba de fertilizante, do borbulhador, das válvulas solenóides de enchimento de água e da bomba injectora de fertilizante.

## 3.4.6 Temporizador

O temporizador (Placa 3.4) é o principal dispositivo de controlo nesta conceção e é utilizado para controlar o funcionamento das bombas de fertilizante, das bombas de injeção de fertilizante e da válvula de gotejamento de acordo com os tempos predefinidos. O temporizador (Fig. 3.3) funciona com 24 V AC, que pode controlar qualquer dispositivo que funcione com 24 V AC, como as válvulas solenóides. Tem 2 ranhuras de entrada, 1 ranhura comum e 8 ranhuras de controlo.

1.      Ranhura 1 ou estação de temporizador T1 utilizada para controlar a bomba de fertilizante e o borbulhador 1

2.      Ranhura 2 ou estação de temporizador T2 utilizada para controlar a bomba de fertilizante 2 e o borbulhador 2

3.      A ranhura 3 ou estação de temporização T3 é utilizada para controlar a bomba de fertilizante 3 e o borbulhador 3

4.      Ranhura 4 ou estação de temporização T4 utilizada para controlar a bomba injectora de fertilizante

5.      Ranhura 5 ou estação de temporizador T5 utilizada para controlar o gotejamento

6.      As ranhuras 6-8 ou a estação de temporização T6-T8 são ranhuras de controlo opcionais para a instalação de instrumentos adicionais, como nevoeiro, cortina lateral.

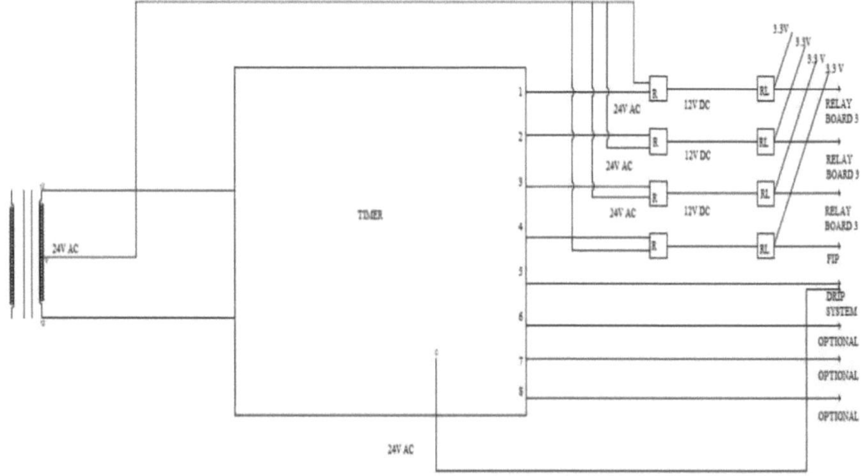


**Fig. 3.3 Esquema de ligação de um temporizador**

### 3.4.7 Componentes auxiliares

Os componentes auxiliares utilizados para o sistema de automatização são os seguintes

1. Transformadores
2. Placa de relé simples

3. Placa de relé de 4 canais
4. Regulador de tensão
5. Relés de 12V 7A
6. Interruptores de botão de pressão
7. Rectificadores
8. Válvula solenoide de 2
9. Válvulas solenóides de 1
10. Interruptores de boia
11. Borbulhadores
12. Indicadores de nível
13. Painéis solares
14. Bateria-150 AH, 12 V
15. Gerador de energia solar

## 3.4.7.1 Transformadores

Um transformador é um dispositivo elétrico que transfere energia eléctrica entre dois ou mais circuitos através de indução electromagnética.

### Transformador 12-0 V, 2A

Este transformador é utilizado para alimentar as bombas de adubo.

### Transformador 12-0-12 V, 3A

Foram utilizados dois transformadores com esta especificação. Um deles foi utilizado para fornecer energia ao temporizador de 8 estações, enquanto o outro forneceu energia às placas de relés e às electroválvulas.

## 3.4.7.1 Placa de relé simples

Um relé é um interrutor acionado eletricamente. A corrente que flui através da bobina no interior do relé cria um campo magnético que, por sua vez, atrai uma alavanca e altera o contacto entre os interruptores. Os relés têm duas posições de comutação, uma vez que a corrente da bobina pode estar ligada ou desligada. As ligações dos interruptores do relé são normalmente designadas por C, NC e NO, em que C significa ligação, NC significa Normalmente Fechado e NO significa Normalmente Aberto. O pólo C está sempre ligado a NC ou NO. O pólo C está ligado a NC quando a bobina do relé não está magnetizada. O pólo C é ligado a NO quando a bobina do relé está magnetizada e vice-versa.

As placas de relé simples são utilizadas no projeto para ligar e desligar o sistema de controlo. Esta placa de relé simples funciona em 12V e detecta a tensão numa gama de 3,3V a 5 V. O sistema desliga-se automaticamente após o pôr do sol e volta a arrancar durante o dia. Isto é feito ligando a placa de relés a um painel solar de 12 V para fornecer energia à placa e também como sinal para a placa através de uma resistência. A Fig. 3.4 mostra o diagrama de ligação de uma única placa de relés.

## 3.4.7.3 Placa de relés (4 canais)

Quatro placas de relé de 4 canais são usadas para controlar bombas, borbulhadores e sensores de nível dentro dos tanques e FIP. Estas placas de relé de 4 canais funcionam em 12 V e detectam a tensão numa gama de 3,3 V a 5 V. A Fig. 3.5 mostra o diagrama de ligação da placa de relés de 4 canais.

## 3.4.7.4 Regulador de tensão

O regulador de tensão regula a fonte de alimentação de 12 V CC para 3,3 V CC, 5 V CC e 12 V CC.

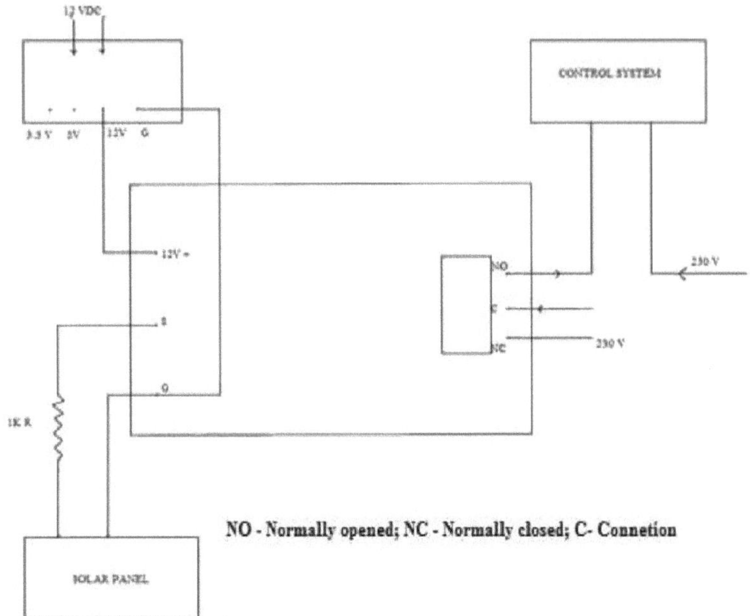


**Fig. 3.4 Esquema de ligação de uma placa de relés simples**

## 3.4.7.5 Relé (12V 7A)

Quatro relés de 12V 7A são utilizados para controlar quatro placas de relés de 4 canais que controlam as bombas e o borbulhador. Para além disso, são utilizados oito relés da mesma especificação para o funcionamento dos indicadores de nível de fertilizante.

## 3.4.7.6 Interruptor de botão de pressão

Os interruptores de botão de pressão são utilizados para ativar as electroválvulas para encher os depósitos de fertilizantes com água. São em número de três.

## 3.4.7.7 Rectificadores

Os rectificadores são utilizados para converter CA em CC.

## 3.4.7.8 Válvulas solenóides

Uma válvula solenoide é uma válvula que ajuda a acionar uma válvula automaticamente. Os solenóides utilizam uma bobina electromagnética para alterar o estado de uma válvula de aberta para fechada, ou vice-versa. Se a válvula solenoide estiver no estado normalmente fechado, quando a bobina é energizada, a válvula é levantada e aberta pela força electromagnética produzida pela bobina.

Requer água pressurizada.

**Válvula solenoide de 2**

As válvulas solenóides de 2" são utilizadas para ligar e desligar o gotejamento.

**1" Válvula solenoide**

A válvula solenoide de 1" é utilizada para encher de água os depósitos de fertilizantes.

### 3.4.7.9 Interruptor de boia

Os interruptores de boia são utilizados no interior de cada depósito para detetar se o depósito está vazio ou cheio e enviar o sinal para o indicador de nível, o relé de controlo da bomba de fertilizante, o relé do borbulhador e o interrutor de botão de pressão. Quando o reservatório está cheio, o indicador de nível mostra um sinal verde, corta a alimentação eléctrica do respetivo interruptor de botão de enchimento do reservatório e o interrutor de alimentação eléctrica só será ativado depois de o reservatório ser esvaziado. Quando o depósito está vazio, a alimentação é fornecida à placa de relés ligada à luz vermelha do indicador de nível. A tabela 3.2 apresenta as especificações do interrutor de boia. A Fig. 3.6 mostra o interrutor de boia.

**Tabela 3.2 Especificações do interrutor de boia**

| Particulars | Specification |
|---|---|
| Operating Voltage (AC) | 110 V/240 V |
| Connecting load | 15 amp |
| Resistive load | 15 amp |
| Direct load | 1 HP |
| Measurement Method (Electrical) | External Type |

### 3.4.7.10 Borbulhadores

Os borbulhadores são utilizados para agitar o fertilizante no interior de cada depósito com água, de modo a obter uma solução de fertilizante completa antes de cada bombagem para o depósito de mistura, sendo controlados pelo temporizador através do relé do borbulhador. O borbulhador está a funcionar com 230 V CA em vez de 24 V CA do temporizador, pelo que também está ligado através de um relé de 12 V.

### 3.4.7.11 Indicadores de nível

Os indicadores de nível (placa 3.5) são utilizados para indicar o nível de fertilizante em cada reservatório. Indicam se o reservatório está vazio ou cheio. São em número de oito, dois para cada um dos três reservatórios de adubo e um reservatório de mistura.

### 3.4.7.12 Painel solar

O painel solar (Placa 3.1) com especificação de 16 V 250 W foi utilizado no projeto para obter uma fonte de alimentação ininterrupta para todas as unidades de controlo, em particular o temporizador.

**Placa 3.1 Painel solar**

## 3.4.7.13  Bateria

É utilizada uma bateria de 150 AH 12 V para armazenar a energia solar.

## 3.4.7.14  Gerador de energia solar

O gerador de energia solar é utilizado para converter a energia solar em 230 V, 550 W.

## 3.4.7.15  Caixa de madeira

Para além dos depósitos de fertilizante e de mistura, do temporizador e dos indicadores de nível, todos os outros componentes do circuito de controlo lógico (placa 3.3) que controlam o funcionamento do sistema estão encerrados numa caixa de madeira de 70x70x28 cm equipada com uma ventoinha de exaustão para reduzir o calor no interior da caixa (placa 3.2).

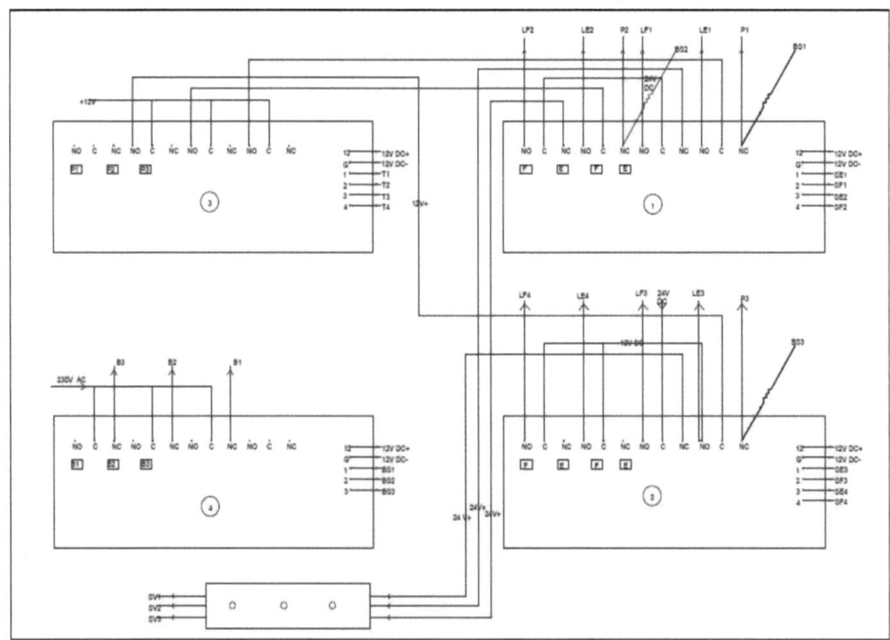

**Fig. 3.5 Esquema de ligação de uma placa de relés de 4 canais**

**T1 a T4 - Estações temporizadas; LE e LF- Indicadores de nível vazio e cheio; NO, C, NC- Normalmente aberto, ligação, normalmente fechado; Bl,B2,B3Bubblcr 1,2 e 3; E e F- Vazio e cheio; SE e SF - Sinal**

vazio e sinal cheio; BS1,BS2,BS3-Sinal do borbulhador; SV-Válvulas solenóides

**Placa 3.2 Invólucro de madeira**
**Placa 3.3 Circuito de controlo**

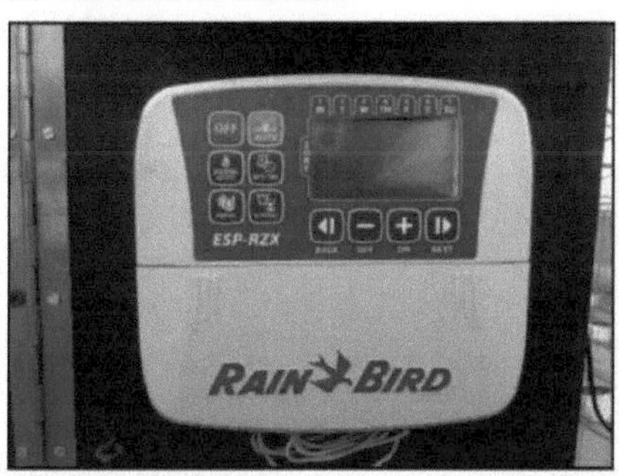

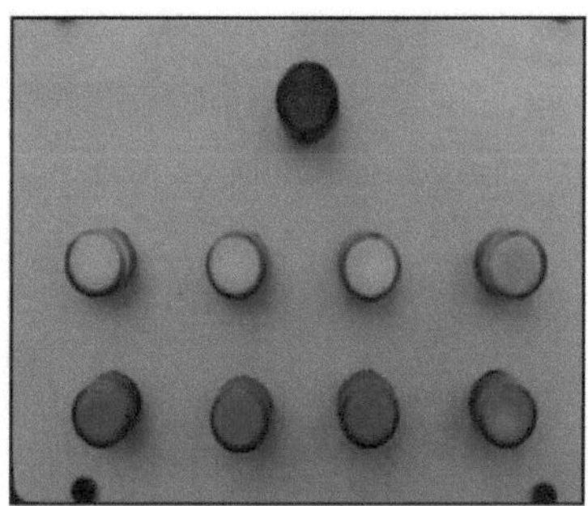

**Placa 3.4 Temporizador**
**Placa 3.5 Indicadores de nível**

**Fig. 3.6 Interruptor de boia**

# 3.5 Unidade de rega gota a gota

**Fonte de água: Fonte de água** pressurizada (tanque localizado a 10 m acima do nível do solo)

Tubo **principal:** Utilizou-se um tubo de PVC com uma pressão de 6 kg/cm$^2$ e um diâmetro de 63 mm para transportar a água da fonte para o local da experiência através de condutas secundárias.

**Sub-canal:** Foi utilizado um tubo de PVC com uma pressão de 6 kg/cm$^2$ e um diâmetro de 50 mm como tubo secundário para transportar a água das linhas principais para as laterais.

**Tubo lateral:** Utilizou-se um tubo de PEBD de 16 mm como lateral.

**Microtubo:** Foi utilizado um tubo de PEBD de 6 mm como microtubo.

**Emissores:** Os emissores utilizados foram gotejadores de seta com capacidade de 8 Iph.

## 3.6 Funcionamento do sistema de automatização da fertirrigação

A parte mais importante deste sistema de fertirrigação automatizado é o temporizador que controla todo o sistema. O sinal do temporizador, em horários pré-definidos, ativa os vários componentes principais e auxiliares do sistema.

### 3.6.1 Funções principais de um temporizador

As funções principais dos diferentes módulos de um temporizador são apresentadas na fig. 3.7. A configuração destes módulos é explicada de seguida.

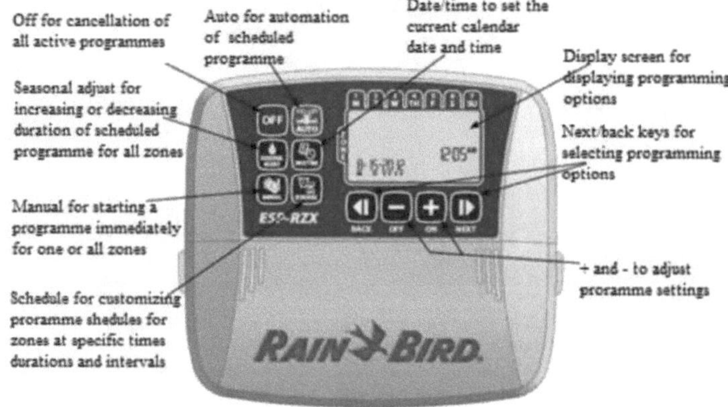


**Fig 3.7 Funções principais de um temporizador**

## 3.6.1.1 Automóvel

A opção Auto é utilizada para regar e fertirrigar automaticamente de acordo com os calendários de rega e fertirrigação programados.

### 3.6.1.1.1 No modo automático

O visor apresenta a hora atual, a data e o dia da semana.

### 3.6.1.1.2 Durante a fertirrigação e a irrigação

O visor apresenta um símbolo de aspersor a piscar, o número da zona ativa e o tempo de rega restante para essa zona. A opção + ou- permite ajustar a fertirrigação e o tempo de rega restante para a zona ativa, conforme desejado, e a opção NEXT (SEGUINTE) permite cancelar imediatamente a rega da zona ativa e avançar para a zona seguinte na fila de rega.

## 3.6.1.2 Desligado

A opção Off (Desligado) é utilizada para cancelar imediatamente todas as regas activas e desativar a fertirrega e a irrigação. Os calendários de fertirrigação e rega programados permanecem guardados na memória, mesmo quando o programador é desligado ou se houver falta de energia.

### 3.6.1.3 Data/Hora

A opção Data/Hora destina-se a definir a data e a hora actuais do calendário.

### 3.6.1.4 Horário

A opção de horário serve para criar horários personalizados de fertirrigação e irrigação para serem executados automaticamente em horários, durações e intervalos específicos.

### 3.6.1.4.1 Seleção da zona

As zonas são áreas designadas que são definidas como locais de funcionamento. Estes são os componentes que estão diretamente ligados às diferentes ranhuras do temporizador, que são activadas em tempos predefinidos. Ou, por seleção da zona, entende-se a seleção da estação do temporizador para a operação. A zona de funcionamento ou os componentes ligados a cada uma das ranhuras do temporizador já foram mencionados. As opções + ou - podem ser utilizadas para selecionar o número da zona pretendida e, em seguida, pode optar-se pela opção SEGUINTE.

### 3.6.1.4.2 Definir os tempos de execução da operação

Os tempos de funcionamento são as durações definidas para o funcionamento. Os tempos de funcionamento podem ser definidos entre 1 e 199 minutos. As opções + ou - podem ser utilizadas para aumentar ou diminuir os tempos de funcionamento. A Fig. 3.8 mostra o ecrã da definição dos tempos de funcionamento

### 3.6.1.4.3 Definir as horas de início da operação

As horas de início das operações são as horas do dia em que uma determinada operação está definida para começar. Está disponível um total de até seis Horas de Início (1-6) para cada Zona. A Fig. 3.9 mostra como definir a hora de início de uma operação. As opções + ou - devem ser utilizadas para definir a 1ª Hora de Início e, em seguida, premir SEGUINTE. Este procedimento pode ser repetido para definir horas de início adicionais para essa zona, conforme pretendido.

### 3.6.1.4.4 Definir dias de início da operação

Os dias de início de rega são os dias de calendário ou intervalos em que a rega é permitida. As opções + ou - podem ser premidas para selecionar uma das quatro opções de dias de início de funcionamento disponíveis:
a. Dias personalizados - Para programar uma operação para ocorrer em dias seleccionados da semana,
b. Dias ímpares - Para programar uma operação para ocorrer em todos os dias ímpares do calendário.
c. Dias pares - Para programar uma operação para ocorrer em todos os dias pares do calendário,
d. Dias cíclicos - Para programar uma operação para ocorrer em intervalos.

### 3.6.1.5 Manual

A opção manual é utilizada para iniciar imediatamente uma operação para todas as zonas ou para qualquer zona. Para o funcionamento de todas as zonas, a tecla manual é premida e todas as zonas aparecem como seleção predefinida e para o funcionamento de uma zona, pode premir-se + ou - para selecionar qualquer estação e premir SEGUINTE para continuar. Deve premir-se + ou - para definir o tempo de funcionamento pretendido e, em seguida, premir SEGUINTE para iniciar a rega.

## 3.7 Funcionamento do sistema

Neste projeto, a estação temporizada T1 fica ligada de acordo com os tempos pré-definidos e, se o tanque não estiver vazio, a bomba de fertilizante Pl e o borbulhador Bl são activados através de dois relés de 12 V, respetivamente. Se o tanque estiver vazio, T1 passa para a condição OFF ou então, Pl e Bl são activados. Sequencialmente, quando a estação do temporizador T2 se liga de acordo com os tempos pré-definidos, é verificado se o tanque está vazio. Se estiver vazio, T2 passa para o estado OFF ou então a bomba de fertilizante P2 e o borbulhador B2 são activados através de relés. Da mesma forma, quando T3 está ligado de acordo com os tempos pré-definidos, P3 e B3 são activados através de relé quando o tanque não está vazio e, se estiver vazio, desliga-se. Quando a estação de temporização T4 se liga de acordo com os tempos predefinidos, o nível no depósito de mistura é verificado e, se estiver vazio, desliga-se. Mas se o tanque não estiver vazio, a bomba de injeção de fertilizante e a válvula de gotejamento são activadas através de relés. Quando a estação do temporizador T5 se liga de acordo com os tempos pré-definidos, a válvula de gotejamento liga-se. As condições em que os depósitos estão vazios ou não vazios são decididas pelos sensores de nível/interrutor de boia (o que será indicado pelos indicadores de nível).

## 3.8 Calibração de bombas de fertilizantes

No laboratório, três bombas de fertilizantes foram calibradas para descobrir a quantidade de água que bombeia num minuto, para o que a bomba foi colocada num recipiente com água e foi deixada a bombear a uma altura igual à altura do tanque de mistura durante 1 minuto e a quantidade de água que sai pela saída da bomba foi recolhida e medida utilizando uma proveta. Isto foi feito três vezes e o valor médio foi registado. A calibração foi feita para decidir quanto tempo a bomba deve funcionar de modo a aplicar a quantidade necessária de fertilizante para as plantas. Este tempo é então definido na estação do temporizador Tl, T2 e T3 para o funcionamento das bombas de fertilizante. O processo de calibração foi efectuado duas vezes durante a estação de cultivo, uma vez que a taxa de bombagem pode variar com o tempo devido à deposição de fertilizante.

A recomendação de fertilizante para a cultura para uma área de 1 ha foi obtida a partir do Package of Practise (POP) (KAU, 2011), a partir do qual foi calculada a necessidade de fertilizante para o número existente de plantas no campo, considerando o espaçamento recomendado. O total de fertilizante necessário para a cultura foi fornecido em divisões desiguais, de tal forma que a fertirrigação foi efectuada uma vez em três dias e uma pausa foi fornecida neste cronograma após quatro dúzias de aplicação de fertilizante para evitar a lesão salina da cultura devido à fertirrigação. A quantidade total de água necessária para cada fertilizante para atingir a concentração desejada também foi calculada. A quantidade total de fertilizante e água, de acordo com os cálculos, é inicialmente enchida no tanque (os interruptores de boia são ajustados dentro dos tanques de acordo com a quantidade de água inicialmente presente em cada tanque) e é bombeada de acordo com o cronograma. O calendário foi preparado para um intervalo de 90 dias.

## 3.10 Duração das operações

Como a quantidade de fertilizante adicionada durante as diferentes divisões e a necessidade de diferentes fertilizantes diferem, o tempo de bombagem de cada bomba para atingir a quantidade necessária de fertilizante foi calculado considerando a quantidade de fertilizante bombeada em tempo unitário por cada bomba. Este tempo de bombagem assim calculado está a ser regulado nas estações temporizadoras Tl, T2 e T3. À medida que o crescimento da cultura avança, as necessidades de nutrientes da cultura diferem, pelo que o temporizador tem de ser reposto em conformidade. Os tempos das estações T4, que controlava a bomba de injeção de fertilizante, e T5, que controlava a válvula de gotejamento, foram ajustados para funcionar durante dez minutos ao longo da estação de cultivo.

A cultura foi irrigada quatro vezes ao dia, às 8:30, 11:30, 14:30 e 17:00 horas, com duração de dez minutos cada. Estes horários foram definidos no temporizador para a estação T5 que controlava a válvula de gotejamento.

Quando a estação do temporizador T4 fica ligada uma vez a cada três dias de acordo com os horários pré-definidos e se o tanque não estiver vazio, a bomba de injeção de fertilizante junto com a válvula de gotejamento é ativada através de relés nos horários de irrigação 11:30 AM e 5 PM por uma duração de 5 minutos cada. Assim, em todos os outros dias, apenas a válvula de gotejamento foi ativada através do temporizador.

## 3.11 Configuração experimental
### 3.11.1 Polyhouse

As estufas são basicamente estruturas de controlo climático ventiladas naturalmente, utilizadas principalmente para aplicações como o cultivo de legumes, a floricultura, a aclimatação de material de plantação, etc. A estufa utilizada para esta experiência foi construída com postes de tubos GI classe B (placa 3.6).

A cobertura é fornecida com uma folha transparente de polietileno de baixa densidade estabilizada aos raios UV (ultravioleta) com uma espessura de 200 mícrones, que cria um microclima no interior da estufa, regulando a humidade relativa e a temperatura, uma vez que corta parcialmente os raios UV. As especificações da estufa utilizada para o estudo são apresentadas na Tabela 3.3.

### 3.11.2 Cultura e variedade

Para a experiência, foi utilizada a variedade Saniya de pepino para salada (Cucumis *sativus)*. Trata-se de uma variedade de elevado rendimento, que cresce vigorosamente e produz maioritariamente flores femininas. A casca do fruto é verde brilhante com poucos espinhos e tem um sabor estaladiço e doce, tornando-o adequado para salada ou fritura e a cultura é mais adequada para o cultivo em estufa.

As sementes foram semeadas num tabuleiro contendo uma mistura de composto de vermi e medula de coco na proporção de 1:1 a uma profundidade de 0,5 cm em 7/12/2015. Essas mudas foram transplantadas para sacos de cultivo no sétimo dia, em 14/12/2016. A placa 3.9 mostra as plântulas no tabuleiro antes de serem transplantadas para a parcela **Tabela 3.3 Especificação da estufa**

| Particulars | Specifications |
| --- | --- |
| Centre height | 6.5 m |
| Side height | 4m |
| Area inside | 291.9 m² |
| GI pipes | Class B of 2 inch diameter |
| Roofing | 200 micron thickness UV stabilized LDPE |
| Side net | 40 mesh nylon insect proof net |

**Placa 3.6 Polyhouse**

# 3.10.1 Procedimento experimental

A avaliação do sistema de fertirrigação automatizada foi efectuada através da instalação do sistema numa estufa de 291,9 m$^2$ . No total, 186 plantas foram plantadas na estufa e foram automaticamente fertirrigadas; outras 24 plantas foram plantadas na mesma estufa que foi fertilizada manualmente. Em campo aberto, outras 24 plantas foram cultivadas e fertilizadas manualmente e os parâmetros biométricos e de rendimento de plantas seleccionadas aleatoriamente, em número de 4 e 7, respetivamente, de cada parcela, foram anotados e comparados entre si para avaliar a eficiência do sistema usando análise estatística.

# 3.10.2 Esquema da experiência

O primeiro conjunto de plantas com sistema de fertirrigação automatizado foi cultivado dentro da estufa em sete fileiras com espaçamento de 2 x 1,5 m, com 24 plantas em uma fileira e 27 plantas nas outras seis fileiras, totalizando 186 plantas. O conjunto seguinte de plantas, em que o fertilizante foi aplicado manualmente, foi cultivado na mesma estufa com 24 plantas plantadas numa única linha. O terceiro conjunto de plantas foi cultivado em campo aberto, em 4 filas, com 6 plantas em cada fila, perfazendo um total de 24 plantas. Todas as plantas foram cultivadas em sacos de cultivo de tamanho 24x24x40cm com mistura de envasamento que continha solo, fibra de coco e estrume seco de quintal (FYM) na proporção 2:1:1. O sistema de irrigação por gotejamento com um espaçamento entre emissores de 1,5m foi instalado em todas as parcelas com gotas de seta de 8 Iph de capacidade. A placa 3.7 e a placa 3.8 mostram a disposição da experiência no campo dentro da estufa e no campo aberto, respetivamente.

**Placa 3.7 Disposição no interior da estufa**
**Placa 3.8 Disposição em Held aberto**

**Placa 3.9 Plântulas no tabuleiro antes do transplante**

## 3.12 Fertirrigação

O sistema de fertirrigação foi instalado no interior da estufa. A quantidade necessária de diferentes fertilizantes para a planta é enchida em tanques de fertilizantes separados e o tanque é enchido com a quantidade desejada de água com a ajuda de um botão de pressão. Os fertilizantes utilizados foram o nitrato de amónio (NH4NO3), o fosfato mono-amónico (NH4H2PO4) e o sulfato de potássio (K2SO4). Dentro de cada tanque, estas soluções de fertilizantes são misturadas cuidadosamente com a ajuda de um borbulhador. Após a mistura, as soluções são bombeadas para o tanque de mistura sequencialmente de acordo com os tempos pré-definidos, de onde são bombeadas para o sistema de gotejamento através do FIP. Outros nutrientes fertilizantes, como o nitrato de cálcio (Ca ^03)2), que eram essenciais para o crescimento da planta, foram diretamente alimentados no tanque de mistura na forma de soluções, sempre que necessário. O arranjo do tanque de fertilizantes e do tanque de mistura é mostrado na Placa 3.10.

**Placa 3.10 Tanque de fertilizante com tanque de mistura e arranjo FIP**

## 3.13 Controlo de pragas e doenças

As culturas bem cultivadas e produtivas são, geralmente, menos susceptíveis a doenças, mas, nalguns casos, são necessárias condições para a prevenção de doenças e pragas. As culturas bem fertilizadas e irrigadas são, no entanto, frequentemente mais sensíveis a pragas como pulgões, moscas brancas e minadores de folhas. A observação diária e a gestão durante os períodos de crescimento são essenciais para minimizar as perdas económicas.

Foram penduradas cartas azuis e amarelas revestidas com óleo de rícino nas três parcelas para controlar o crescimento de minadores de folhas e moscas brancas, respetivamente. Isto foi feito imediatamente quando os sinais destas pragas foram observados no início do período de cultivo. A limpeza ocasional desses quadros foi feita seguida da aplicação de óleo de rícino. Aminoácido de peixe foi pulverizado em todas as três parcelas a uma concentração de 2 ml/L para prevenir moscas brancas durante o período de frutificação. Depois, a monda manual foi efectuada diariamente durante o período de crescimento da cultura.

## 3.14 Recolha de dados no terreno
### 3.14.1 Observações biométricas

Foi efectuada uma análise biométrica do crescimento da planta. Foram observados os principais parâmetros de crescimento da cultura, como altura da planta, dias para o brotamento inicial, dias para a primeira floração, dias para 50 por cento de floração, dias para a primeira colheita, Índice de Área Foliar (LAI). A cultura foi transplantada em 14/12/2015. Foram feitas observações biométricas de 4 plantas seleccionadas aleatoriamente de cada parcela.

### 3.14.1.1 Altura da planta

A altura da planta foi medida desde o nível do solo até à ponta da folha mais alta. As leituras foram registadas para cada planta selecionada de três parcelas de tratamento diferentes a partir da data de transplante, com um intervalo de 18 dias.

### 3.14.1.2 Número de dias até ao abrolhamento inicial

Foi observado o tempo que a cultura levou para iniciar a fase inicial de brotamento a partir da data de transplante. O número de dias para cada tratamento foi registado.

### 3.14.1.3 Número de dias até à primeira floração

Foi observado o tempo que as culturas levaram desde o abrolhamento inicial até ao início da fase de floração inicial a partir da data de transplante. O número de dias foi registado para cada tratamento.

### 3.14.1.4 Número de dias até 50% de floração

. Foi observado o tempo em que 50% das plantas obtiveram flores a partir da data de transplante. O número de dias para cada tratamento foi registado.

### 3.14.1.5 Número de dias até à primeira gravidez

Foi observado o momento em que o primeiro fruto foi visto a partir da data de transplante. O número de dias para cada tratamento foi registado.

### 3.14.1.6 Número de dias até à primeira colheita

O número de dias que as culturas demoraram a atingir o estádio final de frutificação para a primeira colheita foi registado para cada tratamento.

**Placa 3.11 Plantas de pepino**
**Prato 3.12 Frutos colhidos**

### 3.14.1.7 Índice de área foliar

O comprimento e a largura médios de cinco folhas das plantas seleccionadas foram medidos a partir da data de transplante, com um intervalo de 18 dias, e a área foliar média (LAm) e, por sua vez, o índice de área foliar (LAI) foram determinados pelo método de estimativa sugerido por Blanco e

Folegatti (2003).

$$LA = 0.859 * (L * W) + 2.7 \quad\quad ..... (3.1)$$
$$LAI = (LAm * N)/A \quad\quad ..... (3.2)$$

Onde, L, W são a média do comprimento e da largura das folhas da planta selecionada, N o número de folhas dessa planta e A a área ocupada pela planta.

### 3.14.2 Parâmetros de rendimento

Parâmetros de rendimento como o tamanho do fruto, o número de frutos colhidos por planta e o rendimento de sete plantas foram registados durante o estudo.

### 3.14.2.1 Número de frutos/planta

Foram seleccionadas aleatoriamente sete plantas de cada parcela. O número total de frutos por planta foi registado em cada colheita e o número total somado no final da cultura foi calculado como o rendimento das plantas seleccionadas ao acaso.

### 3.14.2.2 Tamanho do fruto

Foram seleccionadas aleatoriamente sete plantas de cada parcela. O comprimento e a circunferência equatorial de cada fruto obtido foram medidos e a média de cada planta foi calculada.

### 3.14.2.3 Rendimento (t/ha)

A colheita da cultura foi efectuada em cada parcela após ter atingido a maturidade. O peso dos frutos colhidos foi medido e o rendimento foi calculado em t/ha.

## FASES DE CRESCIMENTO DAS PLANTAS

**Placa 3.13 Semeadura**
**Placa 3.14 Germinação**
**Placa 3.15 Transplantação**

**Placa 3.16 Brotamento**
**Placa 3.17 Floração**

**Placa 3.18 Frutificação**

## 3.15 Análise estatística

Os dados recolhidos foram submetidos a um exame estatístico, nomeadamente a ANOVA (análise de variância) e o teste t de Student, de acordo com os métodos sugeridos por Gomez e Gomez (1984), e executados utilizando o software SYSTAT e MS Excel. Para a análise, foi utilizado o modelo CRD. Sempre que os resultados foram significativos, as diferenças críticas foram calculadas ao nível de probabilidade $p < 0,05$. As diferenças não significativas foram designadas por NS. Relativamente ao teste t de Student, se o valor calculado exceder o valor da tabela, então o tratamento é significativamente diferente a esse nível de probabilidade com base na hipótese testada. No presente estudo, foi considerada uma diferença significativa a $p = 0,05$, o que significa que, se a hipótese nula estiver correcta (ou seja, se os tratamentos não diferirem entre si), o valor de "t" tem de ser superior a este, em menos de 5% das ocasiões. Isto significa que os tratamentos diferem um do outro, mas ainda temos quase 5% de hipóteses de estarmos errados ao chegar a esta conclusão.

# CAPÍTULO 4

# RESULTADOS E DISCUSSÃO

O estudo foi realizado durante o período de agosto de 2015 a março de 2016 na Agricultural Research Station, Anakkayam. O sistema foi desenvolvido durante os meses de agosto de 2015 a novembro de 2015. A avaliação no terreno do sistema de fertirrigação automatizado desenvolvido foi efectuada com a cultura do pepino salada no interior de uma estufa durante os meses de dezembro de 2015 a março de 2016 e foi feita uma análise comparativa entre as observações biométricas e os parâmetros de rendimento dos dois grupos de culturas plantadas no interior da estufa, ou seja, fertirrigadas automaticamente com o sistema desenvolvido e com aplicação manual de fertilizantes e a cultura cultivada no exterior da estufa com aplicação manual de fertilizantes. Os resultados do estudo são apresentados neste capítulo.

## 4.1 Tempo e clima

Os parâmetros meteorológicos, como a temperatura, a humidade e a intensidade da luz solar, foram medidos ao longo do estudo. Foi mantida uma temperatura média de 35 °C no interior da estufa, ao passo que no campo aberto se observou uma amplitude térmica de 38 °C a 42 °C. Este efeito de arrefecimento foi obtido no interior da estufa com a ajuda das ventoinhas e do sistema de arrefecimento evaporativo por nevoeiro instalado no interior da estufa. No interior da estufa, observou-se uma humidade mais elevada de 50% e 95% durante o dia e a noite, respetivamente, enquanto no campo aberto era de 40% e 90%, respetivamente. Esta gama de humidade mais elevada no interior da estufa foi obtida utilizando o sistema de arrefecimento evaporativo. A chapa de proteção UV utilizada na cobertura reduziu a intensidade da luz solar para um valor médio de 20000 lux, enquanto que no campo aberto era de 70000 lux.

## 4.2 Avaliação laboratorial do sistema

Os componentes do sistema desenvolvido foram avaliados em laboratório para garantir o seu bom funcionamento no campo e as bombas de fertilizante foram calibradas.

## 4.2.1 Calibração de bombas de fertilizantes

A calibração da bomba foi efectuada no início e no meio da estação de cultivo e foram obtidos valores semelhantes em ambos os casos. Assim, não foi necessário alterar o tempo de regulação, que foi programado de acordo com a primeira calibração, que mostrou que não havia sinais de deposição de fertilizante. A taxa média de bombeamento por minuto para três bombas de fertilizante é mostrada na tabela 4.1.

**Tabela 4.1 Taxa média de bombeamento das bombas de fertilizantes**

| Date | Pump 1 (l/min) | Pump 2 (l/min) | Pump 3 (l/min) |
|---|---|---|---|
| 13-12-2015 | 1.3 | 0.7 | 1.7 |
| 08-02-2016 | 1.3 | 0.7 | 1.7 |

## 4.3 Programação da fertirrigação

De acordo com as recomendações do POP, a planta do pepino requer 104 kg de nitrato de amónio, 40 kg de fosfato monoamónico e 55 kg de sulfato de potássio para uma área de 1 ha. A partir disso, a necessidade de fertilizante em cada parcela foi estimada considerando o espaçamento e o número de plantas em cada parcela. Assim, após os cálculos, verificou-se que eram necessários 0,031 kg de nitrato de amónio, 0,012 kg de fosfato monoamónico e 0,016 kg de sulfato de potássio para cada planta. Finalmente, a quantidade total de fertilizante necessária para cada parcela foi calculada como se mostra na tabela 4.2 **Tabela 4.2 Quantidade total de fertilizante necessária em cada parcela**

| Plots | Number of plants | $NH_4NO_3$ (kg) | $NH_4H_2PO_4$ (kg) | $K_2SO_4$ (kg) |
|---|---|---|---|---|
| $T_1$ | 186 | 6 | 2.5 | 3 |
| $T_2$ | 24 | 0.744 | 0.288 | 0.384 |
| $T_3$ | 24 | 0.744 | 0.288 | 0.384 |

A quantidade total de fertilizante necessária na parcela que será fertirrigada automaticamente foi programada em 24 doses divididas, de tal forma que a dose será dada uma vez a cada três dias. Uma pausa foi dada após cada quatro dozes, ou seja, o fertilizante não foi adicionado junto com o gotejamento após 4 dozes de aplicação, de modo a evitar o entupimento e lavar todo o fertilizante que pode ser depositado no sistema. Considerando a taxa de bombeamento de cada bomba de fertilizante, foi calculada a duração do funcionamento de cada bomba de fertilizante para atingir a quantidade necessária de aplicação de fertilizante para todas as parcelas. Este tempo calculado foi ajustado no temporizador. A quantidade total de água necessária durante a estação de cultivo também foi calculada (Tabela 4.3) e cada tanque de fertilizante foi preenchido com a quantidade necessária de fertilizante e água correspondentes no próprio início. O calendário de fertilização e o tempo da bomba são mostrados no Apêndice I.

**Quadro 4.3 Quantidade total de água a encher inicialmente em cada reservatório de fertilizante**

| Fertilizer tanks | $NH_4NO_3$ | $NH_4H_2PO_4$ | $K_2SO_4$ |
|---|---|---|---|
| Total water (l) | 36.4 | 39.2 | 40.8 |

## 4.4 Desempenho do painel solar

O painel solar podia produzir um nível de tensão de 16 V e 13,6 V em dias de sol e nublados, respetivamente. A potência média gerada pelo painel solar foi de cerca de 250. O consumo de energia do sistema foi, em média, de apenas 33,72 W-h. A bateria tem capacidade para 1800 watts, pelo que o sistema pode funcionar até 53 horas, o equivalente a 4,4 dias (uma vez que o sistema funciona apenas durante o dia) sem sol. A Tabela 4.4 mostra o consumo de watts por vários componentes do sistema.

**Tabela 4.4 Taxa de consumo de energia de vários componentes**

| Sl. No | Component | Total energy consumption (W-h) |
|---|---|---|
| 1 | Timer | 3.12 |
| 2 | Transformers | 14.4 |
| 3 | Pumps | 1.2 |
| 4 | FIP | 15 |

## 4.5 Observações biométricas
## 4.5.1 Altura das plantas

As observações dos atributos de crescimento registadas a intervalos definidos de 7 dias na altura da planta foram submetidas ao teste t e os resultados são apresentados nos quadros. Os resultados representam os dados médios de quatro plantas cultivadas num saco de cultivo individual e os quatro números foram tratados como réplicas. No teste t, os tratamentos foram comparados individualmente entre si, ou seja, Ti Vs T2, T2 Vs T3, T1 Vs T3, onde Ti, T2 e T3 denotam respetivamente plantas fertirrigadas automaticamente dentro da estufa, plantas dentro da estufa com aplicação manual de fertilizante e as plantas em campo aberto com aplicação manual de fertilizante. Aqui T2 e T3 são considerados como controlos. Os resultados são apresentados na tabela 4.5 (a), (b) e na fig. 4.1, que mostram que nos estágios iniciais ($1^{st}$ e $2^{nd}$ estágios), a altura da planta não foi significativa quando Ti foi comparada com T2. Isso indica que em ambos os tratamentos as condições foram semelhantes para o crescimento do pepino e não foi obtida muita variação estatística, embora o sistema automatizado de fertirrigação por gotejamento em polyhouse (Ti) superou numericamente do que a aplicação manual de fertilizantes em Poly house.

Mas Ti e T2 foram estatisticamente significativos contra T3, que é considerado como um dos controlos. Isto indicou que a dose recomendada de 100% de fertirrigação num ambiente controlado como a estufa polivalente poderia dar o crescimento máximo da planta para o pepino. A incorporação de fertilizantes no momento certo e na quantidade certa poderia ter melhorado a altura da planta. Estes resultados estão em harmonia com os relatórios de Eltez (1994) em pimenta e beringela com maior altura de planta quando cultivada em estufa em comparação com campo aberto. Além disso, estes resultados estão em harmonia com os ensaios em vasos que deram bons resultados mostrando o efeito positivo dos nutrientes no crescimento das plantas e no desenvolvimento vegetativo, especialmente com a aplicação de NPK em doses divididas (Jayaprasad e Sulladmath, 1978).

A fertirrigação por gotejamento pode permitir a aplicação de fertilizantes solúveis e outros produtos químicos juntamente com a água de irrigação perto da zona radicular (Patel e Rajput, 2000; Narda e Chawla, 2002). A aplicação de água e nutrientes em pequenas doses em intervalos frequentes na zona da raiz da cultura garante a sua utilização óptima e um maior crescimento (Jayakumar *et al.,* 2014).

Os resultados mostraram que nas fases posteriores ($3^{rd}$ e $4^{th}$), a altura das plantas foi significativa entre os tratamentos individuais. Ti superou os outros dois tratamentos. Isto indicou a superioridade do sistema automatizado de fertirrigação por gotejamento em casa de vegetação (Ti) do que os outros dois tratamentos. Ele registrou a altura máxima da planta de 273,0 cm na observação $4^{th}$, seguido por T2 com 242,8 cm e T3 com 100,3 cm, respetivamente. Em ambas as fases, o cultivo em campo aberto (controlo) registou a altura de planta mais baixa. A concentração e a disponibilidade de vários nutrientes no solo para absorção pelas plantas dependem da fase de solução do solo, que é determinada principalmente pela disponibilidade de humidade no solo. A maior umidade disponível no solo devido ao fornecimento contínuo de água e nutrientes sob fertirrigação por gotejamento levou a uma maior disponibilidade de nutrientes no solo e, assim, aumentou a absorção de nutrientes pela cultura e, portanto, promoveu o crescimento do pepino. No entanto, para além das vantagens nutricionais óbvias, há também indicações claras de que certos nutrientes desempenham funções adicionais, tais como sinais que desencadeiam o crescimento e desenvolvimento das plantas. As alterações nos equilíbrios fito-hormonais induzidas por tratamentos de fertirrigação desempenharam um papel decisivo na regulação do desenvolvimento da planta para uma produção mais precoce e melhor (Romheld et *al.,* 2005).

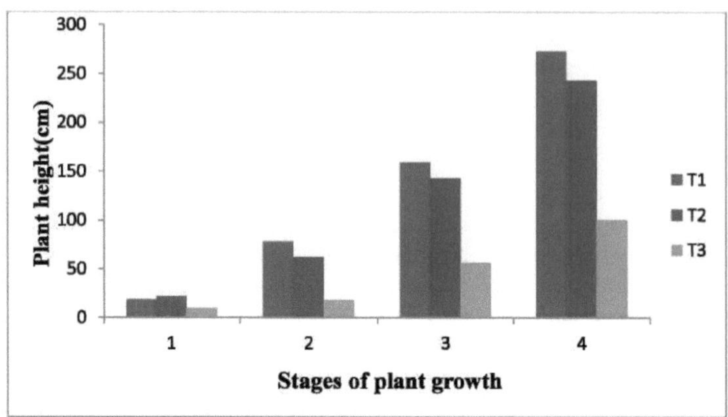


**Fig. 4.1 Influência dos diferentes tratamentos na altura das plantas de pepino em diferentes estádios de crescimento**

**Quadro 4.5 (a) Influência dos diferentes tratamentos na altura das plantas de pepino nos dois primeiros estádios**

| Plant height (cm) | Observations | |
|---|---|---|
| | 1$^{st}$ stage | 2$^{nd}$ stage |
| $T_1$ | 18.5 | 77.8 |
| $T_2$ | 22.0 | 62.0 |
| $T_3$ | 10.0 | 18.0 |
| $T_1$ Vs $T_2$ (t value) | NS | NS |
| $T_2$ Vs $T_3$ (t value) | 5.05** | 12.61** |
| $T_1$ Vs $T_3$ (t value) | 4.20** | 9.32** |

** Significativo a p<0,05; NS - Não significativo

**Quadro 4.5 (b) Influência dos diferentes tratamentos na altura das plantas de pepino em estádios mais avançados**

| Plant height (cm) | Observations | |
|---|---|---|
| | 3$^{rd}$ stage | 4$^{th}$ stage |
| $T_1$ | 159.3 | 273.0 |
| $T_2$ | 142.8 | 242.8 |
| $T_3$ | 56.5 | 100.3 |
| $T_1$ Vs $T_2$ (t value) | 4.34** | 6.58** |
| $T_2$ Vs $T_3$ (t value) | 8.41** | 11.75** |
| $T_1$ Vs $T_3$ (t value) | 9.36** | 11.23** |

** Significativo a p<0,05

## 4.5.2 Efeito dos tratamentos nos parâmetros de floração

No quadro 4.6 e na figura 4.2 são indicados acontecimentos como a formação do primeiro botão, a primeira floração, 50 % de floração, a formação do primeiro fruto e a data da primeira colheita.

**Quadro 4.6 Data de ocorrência dos diferentes parâmetros de floração**

| Events | Experiment | Control | Open field |
|---|---|---|---|
| First flower bud | 27-12-15 | 28-12-15 | 28-12-15 |
| First flowering | 04-01-16 | 07-01-16 | 09-01-16 |
| 50% flowering | 07-01-16 | 09-01-16 | 11-01-16 |
| First fruit | 06-01-16 | 09-01-16 | 11-01-16 |
| First harvest | 15-01-16 | 21-01-16 | 22-01-16 |

A partir da tabela 4.6, pode-se ver que a floração mais precoce foi obtida no tratamento Ti (21 dias), enquanto que no tratamento T2, foi atrasada em 3 dias sob condições de estufa e em T3 foi atrasada em 5 dias. A partir da data de transplante, foram necessários mais dias para a floração em condições de campo aberto. Em condições de campo aberto, o atraso foi de cinco dias, o que pode ser devido a factores climáticos adversos e à elevada intensidade luminosa. A floração precoce do pepino cultivado em estufa pode ser atribuída a uma intensidade luminosa óptima e a uma distribuição uniforme da radiação sobre a copa da cultura, o que resulta numa atividade fotossintética mais elevada do que numa intensidade luminosa elevada (Aikman, 1989). Além disso, os níveis óptimos de nutrientes nos meios de cultura contribuíram para a floração precoce e o aumento do número de flores pistiladas pode dever-se ao crescimento vigoroso da videira e a um maior número de ramos, o que resulta num aumento da atividade metabólica do pepino (Bishop *et al.*, 1969).

O mesmo acontece com 50 por cento de floração, primeiro terno e primeira colheita para Ti e que foi seguido por T2 e T3. A cultura do pepino cultivada em condições controladas com a temperatura necessária tem uma taxa de crescimento mais rápida e induz uma floração mais precoce quando comparada com as plantas cultivadas em condições de campo aberto (Marcelis e Koning, 1995).

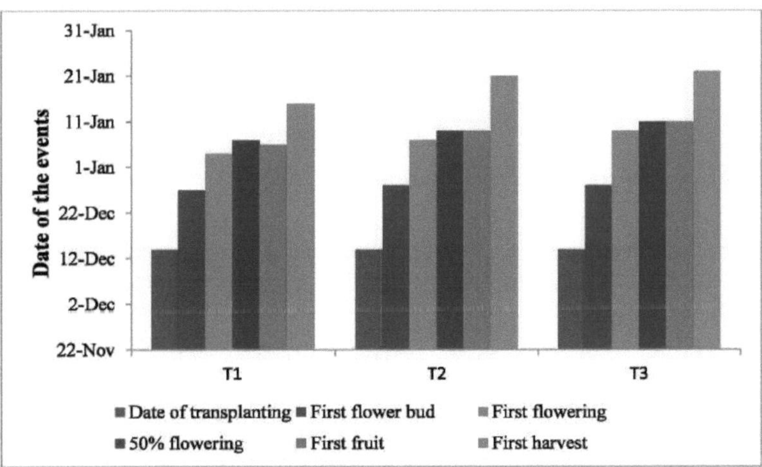


**Fig. 4.2 Data dos acontecimentos relacionados com o crescimento do pepino influenciado pelos diferentes tratamentos**

## 4.5.3 Índice de área foliar (LAI)

O valor médio do comprimento e da largura de cinco folhas de quatro plantas seleccionadas aleatoriamente foi retirado em intervalos semanais de cada parcela e o índice de área foliar foi calculado e o teste t foi realizado e os tratamentos foram comparados individualmente uns com os outros. O resultado computado é mostrado na tabela 4.7 e na fig. 4.3.

**Tabela 4.7 Influência de diferentes tratamentos no LAI de plantas de pepino em três estágios de crescimento**

| LAI | 2nd | 3rd | 4th |
|---|---|---|---|
| $T_1$ | 15.80 | 36.90 | 58.6 |
| $T_2$ | 9.01 | 17.19 | 36.9 |
| $T_3$ | 9.01 | 15.84 | 22.8 |
| $T_1$ Vs $T_2$ (t value) | 7.89** | 2.53** | 4.229** |
| $T_2$ Vs $T_3$ (t value) | 2.82** | 2.68** | 2.778** |
| $T_1$ Vs $T_3$ (t value) | 8.47** | NS | NS |

1 Significativo a p<0,05; NS - Não significativo

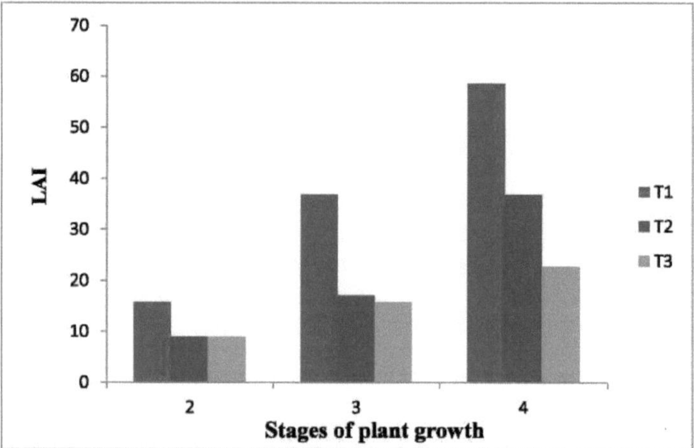


**Fig. 4.3 Influência de diferentes tratamentos no LAI da planta de pepino em diferentes fases de crescimento**

Os resultados mostraram que o índice de área foliar em vários estágios de crescimento da cultura, antes da floração, foi estatisticamente significativo. A tabela mostra os valores a partir do estágio 2nd, já que no estágio 1st, os valores de LAI não são significativos e, portanto, os dados não são mostrados. Os resultados indicam que, em todas as fases, os valores de Ti foram numericamente mais elevados, quando comparados com T2 e T3, e foram estatisticamente significativos, exceto nas duas últimas fases, quando comparados com T3.

Isto indica que a aplicação uniforme de fertilizantes através da fertirrigação por gotejamento pode dar o máximo de crescimento foliar para o pepino. O crescimento vegetativo da planta está diretamente relacionado com o nitrogênio aplicado (Klein, *et al.,* 1989). Além disso, de acordo com estudos realizados por Baruah e Mohan (1991), a aplicação de potássio é importante no crescimento e desenvolvimento das folhas. Nitrogênio, fósforo e potássio são três nutrientes necessários que afetam o crescimento da planta e a aplicação uniforme e freqüente de fertilizantes através de fertirrigação por gotejamento pode ter resultado em um melhor índice de área foliar. A significância do Ti e T2 sobre T3 mostra que um ambiente de controlo como polyhouse resultará em maior crescimento vegetativo da planta. Resultados semelhantes foram registados no estudo realizado por Gantait e Pal (2011).

## 4.6 Dados de rendimento

### 4.6.1 Número de frutos por planta

As observações dos parâmetros de rendimento registadas em intervalos semanais periódicos foram compiladas e os dados médios foram submetidos a ANOVA.

Os dados médios de sete plantas seleccionadas ao acaso em cada saco de cultivo e os sete números foram tratados como réplicas. Os resultados do número de fatos por planta são apresentados no quadro 4.8 e na figura 4.4.

**Quadro 4.8 Influência dos diferentes tratamentos no número de frutos por planta do pepino**

| Treatments | No. of fruits/plants |
|---|---|
| $T_1$ | $29.12^a$ |
| $T_2$ | $10.50^b$ |
| $T_3$ | $7.25^b$ |
| SEd | 2.266 |
| CD (P=0.05) | 5.388 |

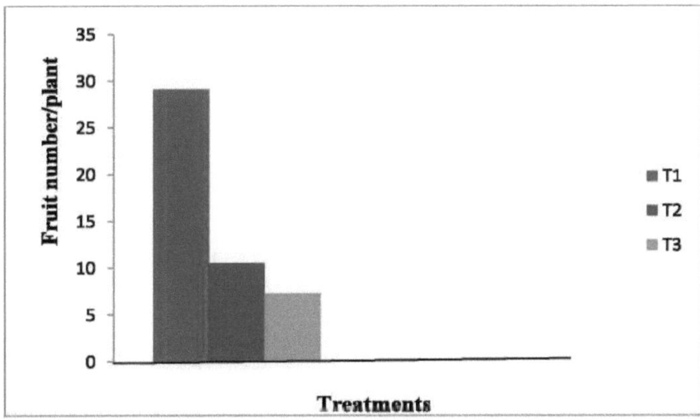


**Fig. 4.4 Influência dos diferentes tratamentos no número de frutos por planta de pepino**

Os resultados mostraram que o sistema automatizado de fertirrigação por gotejamento em estufa (Ti) registrou maior número de ternos por planta do que os outros dois tratamentos e foi estatisticamente significativo. Ele registrou o número máximo de 29,12 ternos por planta e foi seguido por T2 com 10,50 ternos e T3 com 7,25 ternos respetivamente. O aumento no número de ternos de Ti pode ser devido ao aumento do crescimento vegetativo das plantas cultivadas em estufa automatizada com fertirrigação, levando a uma maior absorção de nutrientes e melhor utilização da água, o que resulta em maior taxa de fotossíntese e translocação de nutrientes para a parte reprodutiva ou para o produto, em comparação com o método convencional de aplicação de fertilizantes. As presentes conclusões estão em conformidade com os resultados de Sharma *et al.* (2011). De acordo com Ramnivas et *al.* (2012), a interação da irrigação e da fertirrigação pode ter resultado no peso máximo dos frutos. O aumento do número de frutos em T2 em relação a T3 pode ser devido às condições óptimas de crescimento proporcionadas dentro da estufa do que no campo aberto.

## 4.6.2 Peso do fruto

As observações dos parâmetros de rendimento registadas em intervalos semanais periódicos foram compiladas e os dados médios foram submetidos a ANOVA. Os resultados representam os dados médios de sete plantas seleccionadas aleatoriamente cultivadas em sacos de cultivo e os sete números foram tratados como réplicas. Os resultados obtidos do peso médio dos frutos são apresentados no quadro 4.9 e na figura 4.5.

**Tabela 4.9 Influência dos diferentes tratamentos no peso do fruto do pepino**

| Treatments | Average weight of the single fruit (g) |
| --- | --- |
| $T_1$ | 246.4[a] |
| $T_2$ | 212.9[b] |
| $T_3$ | 155.7[c] |
| SEd | 13.063 |
| CD (P=0.05) | 27.44 |
| CV % | 11.90 |

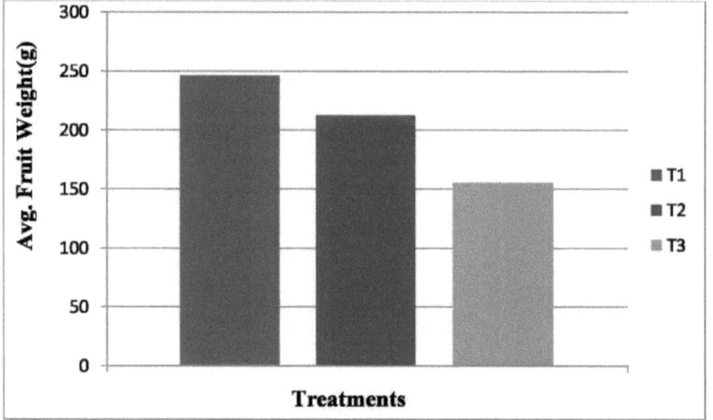


**Fig. 4.5 Influência dos diferentes tratamentos no peso do fruto do pepino**

Os resultados mostraram que o sistema automatizado de fertirrigação por gotejamento em estufa (Ti) registrou maior peso de frutos do que os outros dois tratamentos. Registou o peso máximo de 246,4 g e foi seguido por T2 com 212,9 g e T3 com 155,7 g, respetivamente. O aumento dos atributos de rendimento sob fertirrigação automatizada por gotejamento pode ser devido ao aumento da disponibilidade e absorção de nutrientes levando ao aumento da fotossíntese, expansão das folhas e translocação de nutrientes para as partes reprodutivas em comparação com o método convencional de aplicação de nutrientes no solo. Gireesha (2003) também registou resultados semelhantes. Em sistemas de produção hortícola irrigados, uma maior precisão na aplicação de água e nutrientes pode ser potencialmente alcançada pela aplicação simultânea através de fertirrigação (Bar-Yosef, 1999). Isto tem a vantagem de sincronizar o fornecimento de nutrientes com a procura das plantas (Millard,

1996; Neilsen *et al.*, 1999; Weinbaum et al., 1992), permitindo assim reduzir a quantidade de nutrientes aplicados e reduzir o impacto ambiental, para além de melhorar a produtividade das culturas (Neilsen e Neilsen, 2002). Shedeed et al. (2009) observaram aumento significativo nos parâmetros de crescimento (altura da planta, LAI, peso seco do fruto, peso seco total), componentes de rendimento (número de frutos/planta, peso médio do fruto, rendimento do fruto/planta) e rendimento total do fruto com a aplicação de 100% de FTR através de fertirrigação sobre sulco e irrigação por gotejamento e aplicação de fertilizantes no solo.

## 4.6.3 Comprimento do fruto

As observações de comprimento registadas em intervalos semanais periódicos foram compiladas e os dados médios foram submetidos a ANOVA. Os resultados representam os dados médios de sete plantas seleccionadas aleatoriamente cultivadas em sacos de cultivo e os sete números foram tratados como réplicas. Os resultados obtidos do comprimento médio dos frutos são apresentados no quadro 4.10 e na figura 4.6.

**Tabela 4.10 Influência dos diferentes tratamentos no comprimento do fruto do pepino**

| Treatments | Length (cm) |
|---|---|
| $T_1$ | 21.35[a] |
| $T_2$ | 20.70[a] |
| $T_3$ | 17.27[b] |
| SEd | 0.77 |
| CD (P=0.05) | 1.62 |
| CV % | 9.85 |

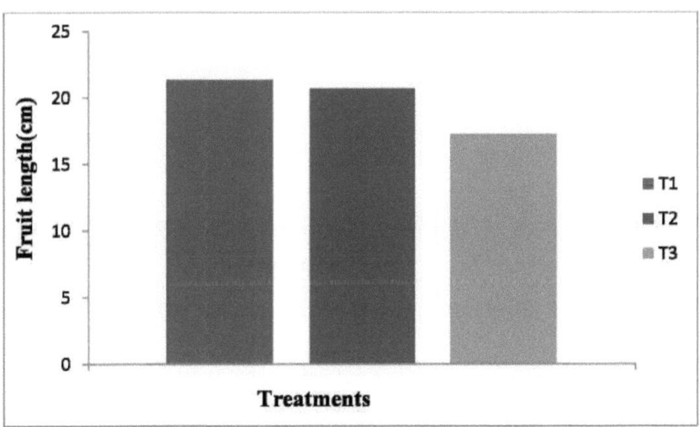


**Fig. 4.6 Influência dos diferentes tratamentos no comprimento do fruto do pepino**

Os resultados mostraram que o sistema automatizado de fertirrigação por imersão em estufa (Ti) registou um comprimento de fruto mais longo do que os outros dois tratamentos. Ti registrou o comprimento máximo de 21,35 cm e foi seguido por T2 com 20,70 cm e T3 com 17,27 cm, respetivamente. O aumento no comprimento dos frutos pode ser devido ao fornecimento regular de água e nutrientes através da fertirrigação por gotejamento, as plantas podem completar todos os processos metabólicos no momento adequado. A humidade adequada e o fornecimento de humidade também ajudam a manter os vários sistemas enzimáticos activos. Portanto, a qualidade do produto é melhor em culturas fertirrigadas por gotejamento em comparação com o controle. A melhoria da qualidade com o uso conjunto de irrigação por gotejamento e fertirrigação pode ser devido ao fato de que a irrigação por gotejamento e fertirrigação permite uma melhor utilização da água e nutrientes, menores perdas por lixiviação e aplicação mais controlável de nutrientes, em comparação com outros métodos de abastecimento de água e nutrientes. Estes resultados estão de acordo com as descobertas de Elkner *et al.* (2001) e Samra (2005).

## 4.6.4 Circunferência equatorial do fruto

A circunferência equatorial dos frutos registada em intervalos semanais foi compilada e os dados médios foram submetidos a ANOVA. Os resultados representam os dados médios de sete plantas seleccionadas aleatoriamente em cada saco de cultivo e os sete números foram tratados como réplicas. Os resultados obtidos da circunferência equatorial média são apresentados no quadro 4.11 e na figura 4.7.

**Quadro 4.11 Influência dos diferentes tratamentos na circunferência equatorial do pepino**

| Treatments | Equatorial circumference(cm) |
|---|---|
| $T_1$ | 16.25 |
| $T_2$ | 12.75 |
| $T_3$ | 11.00 |
| CD (P=0.05) | NS |

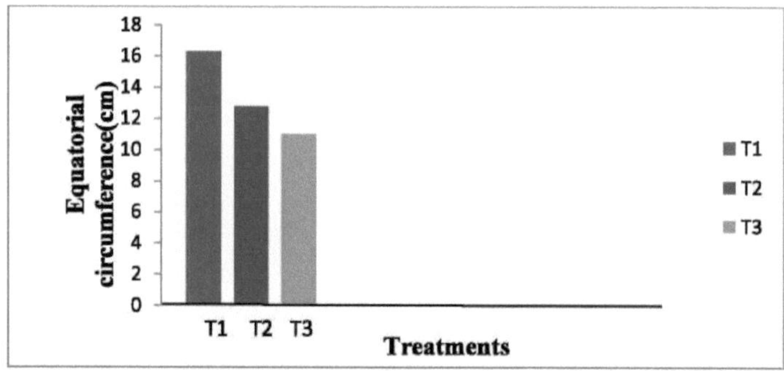


**Fig. 4.7 Influência dos diferentes tratamentos na circunferência equatorial do pepino**

Os resultados mostraram que o sistema automatizado de fertirrigação por gotejamento em estufa (Ti) registrou maior circunferência equatorial do que os outros dois tratamentos. Ele registrou a circunferência equatorial máxima de 16,25 cm e foi seguido por T2 com 12,75 cm e T3 com 11 cm, respetivamente. A leitura de Ti não foi estatisticamente significativa em relação aos outros dois tratamentos, mas a superioridade numérica da circunferência equatorial dos frutos colhidos na estufa fertirrigada automaticamente deveu-se ao aumento do crescimento da cultura devido ao efeito da interação entre os níveis de irrigação e de fertirrigação. A aplicação de 100 % dos nutrientes programados na zona radicular também contribuiu para o diâmetro dos frutos (Ramnivas *et al.*, 2012).

Estes resultados estão de acordo com o relatório de Singh *et al.* (2005) que a irrigação gota a gota com 100% de fertilizante de azoto recomendado deu a circunferência máxima do fruto, comprimento do fruto e peso do fruto na papaia. As condições óptimas de crescimento no interior da estufa podem ter resultado na superioridade da circunferência equatorial dos frutos colhidos em T2, onde o fertilizante foi aplicado manualmente, em relação a T3, que é o campo aberto.

**Placa 4.1 Culturas na parcela T1**
**Placa 4.2 Culturas na parcela T2**

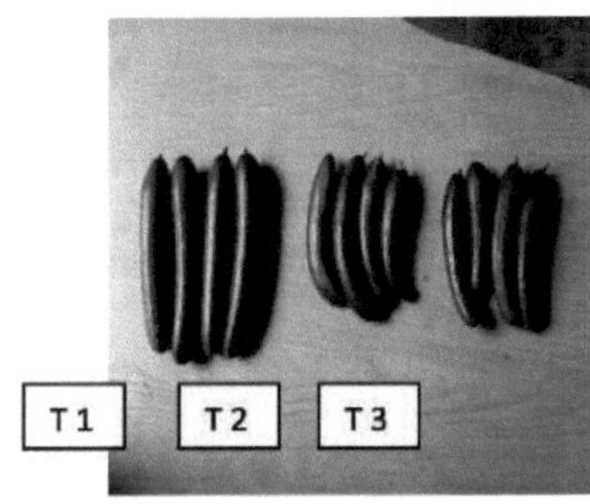


**Placa 4.3 Culturas na parcela T3**
**Prato 4.2 Comparação do tamanho dos frutos**

## 4.6.5 Rendimento do pepino

O rendimento cumulativo registado em intervalos semanais periódicos foi compilado e os dados médios foram submetidos a ANOVA. Os resultados representam os dados médios de sete plantas seleccionadas aleatoriamente em cada saco de cultivo e os sete números foram tratados como réplicas. O rendimento por hectare foi calculado com base nos dados médios obtidos por planta. Os resultados obtidos do rendimento total de frutos são apresentados no Quadro 4.12 e na Figura 4.8

**Tabela 4.12 Influência dos diferentes tratamentos no rendimento do fruto do pepino**

| Treatments | Total Yield (t/ha) |
|---|---|
| $T_1$ | 23.86[a] |
| $T_2$ | 7.71[b] |
| $T_3$ | 3.63[c] |
| SEd | 1.16 |
| CD (P=0.05) | 2.44 |
| CV % | 12.30 |

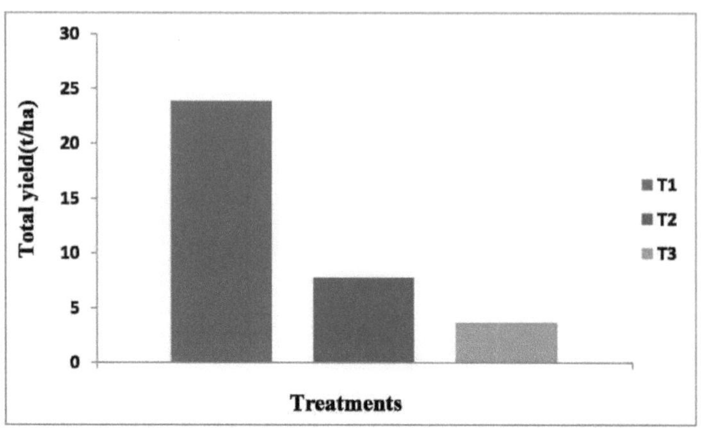


**Fig. 4.8 Influência dos diferentes tratamentos no rendimento do pepino**

Os resultados mostraram que o sistema automatizado de fertirrigação por gotejamento em estufa (Ti) registrou o maior rendimento de frutos de 23,86 t ha[-1] e isto foi estatisticamente significativo sobre os outros tratamentos. Este foi seguido pelo T2 com 7.71 t ha[-1] e que também foi estatisticamente significativo contra o tratamento de controlo (T3) que registou o rendimento de 3.63 t ha[-1] . Isto pode ser devido ao efeito combinado de cultivares, espaçamento mais largo, cultivo em estufa e disponibilidade atempada e assegurada de todos os nutrientes através do sistema de fertirrigação automatizado. Os presentes resultados estão de acordo com os resultados de Arora *et al.* (2006) em tomate cultivado em estufa; Ban *et al.* (2006) em melões. A fertirrigação por gotejamento do pepino sustenta adequadamente um crescimento vegetativo e reprodutivo favorável em comparação com o método convencional de aplicação de fertilizantes. Estes resultados estão de acordo com as descobertas de Choudhari e More (2002) em híbridos ginóicos de pepino. Por outras palavras, o aumento da disponibilidade e da absorção de nutrientes pela cultura quando a humidade é óptima, juntamente com o fornecimento frequente de nutrientes por fertirrigação e a consequente melhor formação e translocação de assimilados da fonte para o sumidouro, pode ter aumentado a produção de pepino sob fertirrigação. Os sistemas de irrigação permitem injecções múltiplas de pequenas doses de fertilizantes em intervalos diferentes, reduzindo o risco de lixiviação em comparação com os fertilizantes aplicados numa única aplicação. Isto pode ter resultado no aumento da absorção de nutrientes sob fertirrigação por gotejamento e, como resultado, a produção de biomassa e rendimento foi aumentada sob o tratamento T1.

Além disso, observou-se que a cultura em estufa (T2) também foi estatisticamente significativa do que o controlo (T3). A possível razão para este facto é uma maior

O peso dos frutos em estufa do que em campo aberto pode estar associado a um maior número de assimilados produzidos na região de origem e à sua partição eficiente para os sumidouros, uma vez que a eficiência da partição é decidida pela força do sumidouro, o que é evidente em relatórios anteriores de Marcelis (1994) e Rajasekharan e Nandini (2015). A cultura do pepino tem uma distribuição igual de frutos ao longo do caule, *ou seja,* em cada nó, pelo que cada folha de um nó fornece foto assimilados aos frutos. Isto exige um PAR (radiação fotossintética ativa) e um fornecimento de luz óptimos em cada camada de folhas, o que pode ter sido possível em condições de estufa quando comparado com condições ao ar livre, tal como referido por Rajasekharan e Nandini (2015).

O rendimento mais baixo em condições abertas pode dever-se ao facto de o pepino exigir temperaturas elevadas, humidade do solo e nutrientes óptimos para um rendimento satisfatório e, em condições climáticas desfavoráveis, podem ocorrer vários problemas, tais como a redução das flores femininas, o atraso no crescimento dos frutos e distúrbios minerais (Bakker e Sonneveld, 1988), o que acaba por resultar num rendimento baixo.

# CAPÍTULO 5
# RESUMO E CONCLUSÃO

O rendimento das culturas pode ser aumentado através da irrigação em intervalos de tempo adequados e em proporções correctas. Para qualquer cultura, para obter o máximo rendimento, a aplicação programada de fertilizantes é altamente inevitável. A fertirrigação é um método de aplicação de fertilizantes em que o fertilizante é incorporado com a água de irrigação e aplicado através de sistemas de micro irrigação, de modo que a solução de fertilizante é distribuída uniformemente em todo o campo. A fertirrigação automática permite aos agricultores distribuir automaticamente a quantidade e a concentração adequadas de nutrientes com a água de irrigação na zona ativa das raízes das plantas durante toda a estação de crescimento, poupando assim trabalho, dinheiro e tempo.

O estudo foi realizado para desenvolver e avaliar o desempenho de um sistema de fertirrigação automatizado. A avaliação de campo do sistema de fertirrigação automatizado desenvolvido foi realizada com a cultura de pepino salada dentro de uma estufa localizada na Estação de Investigação Agrícola, Anakkayam, durante o período de dezembro de 2015 a março de 2016.

Foi realizada uma análise comparativa entre as observações biométricas e os parâmetros de rendimento dos três grupos de culturas, um plantado dentro da estufa e fertirrigado automaticamente com o sistema desenvolvido (Ti) e outros dois grupos, um dentro da estufa com aplicação manual de fertilizante (T2) e o outro em campo aberto com aplicação manual de fertilizante (T3). A observação biométrica de quatro plantas seleccionadas de cada parcela foi submetida ao teste t de Student e os parâmetros de rendimento de sete plantas seleccionadas de cada parcela foram submetidos a ANOVA. O resumo e a conclusão do estudo são apresentados neste capítulo.

Em média, foi mantida uma temperatura de 35°C no interior da estufa, enquanto que no campo aberto foi observada uma amplitude térmica de 38°C a 42°C. No interior da estufa, observou-se um intervalo de humidade mais elevado, de 50% a 95%, durante o dia e a noite, respetivamente, ao passo que no campo aberto esse intervalo era de 40% a 90%. As chapas estabilizadas contra os raios ultravioleta utilizadas na cobertura podiam reduzir a intensidade da luz solar para um valor médio de 20000 lux, ao passo que no campo aberto essa intensidade era de 70000 lux.

O sistema de fertirrigação automatizado desenvolvido reduz a possibilidade de excesso ou falta de fertirrigação, poupa mão de obra e mantém a dosagem e o tempo exactos. O sistema é composto por quatro componentes principais, nomeadamente um temporizador de 8 estações, três tanques de fertilizante com três bombas de fertilizante, um tanque de mistura, controladores de nível e uma bomba de injeção de fertilizante.

Três fertilizantes $NH_4NO_3$, $NH_4H_2PO_4$ e $K_2SO_4$ foram enchidos nos três tanques de fertilizantes de acordo com as necessidades das plantas durante todo o período de crescimento e a água foi enchida nestes tanques e foram feitas soluções de fertilizantes completas com a ajuda de borbulhadores. Estas soluções de fertilizantes preparadas nos tanques de fertilizantes são depois transportadas para o tanque de mistura em proporções programadas, utilizando bombas de fertilizantes. Do tanque de mistura, a solução misturada é bombeada para a válvula de gotejamento com a ajuda de uma bomba de injeção de fertilizante. Todas estas operações foram controladas por um temporizador de 8 estações de acordo com os sinais dados pelos controladores de nível instalados em cada tanque de fertilizante e tanque de mistura. O sistema desenvolvido funciona com um painel solar que gera uma potência de 250 watts-hora/dia em média, juntamente com uma bateria que torna possível o funcionamento do sistema durante 4,4 dias sem sol.

Parâmetros de crescimento da cultura como altura das plantas, dias para o brotamento inicial, dias para 50% de floração, dias para o primeiro fruto, dias para a primeira colheita e índice de área foliar foram observados para os 3 tratamentos, Ti, T2 e T3, viz. cultura cultivada dentro da estufa e fertirrigada usando o sistema desenvolvido, cultura cultivada dentro da estufa com aplicação manual de fertilizante e cultura cultivada em campo aberto com aplicação manual de fertilizante, respetivamente.

A altura das plantas foi medida em um intervalo de 7 dias e durante os estágios iniciais Ti não foi significativo quando comparado com T2, embora Ti tenha superado numericamente. Mas Ti e T2 foram estatisticamente significativos em relação a T3. Nas fases posteriores, a altura da planta foi significativa entre os tratamentos individuais e Ti superou. Foi observado que a floração precoce ocorreu em T1, enquanto que em T2 foi atrasada em 3 dias e em T3 foi atrasada em 5 dias. Observou-se que o índice de área foliar durante vários estágios de crescimento da cultura antes da floração foi estatisticamente significativo e em todos os estágios, os valores de Ti foram numericamente mais altos, quando comparados a T2 e T3 e foram estatisticamente significativos, exceto nos dois últimos estágios quando comparados a T3.

Foram registados os parâmetros de rendimento como o número de frutos por planta, o peso do fruto, o comprimento do fruto, a circunferência equatorial do fruto e o rendimento total em t/ha. Os resultados mostraram que o Ti registou o maior número de frutos por planta, seguido do T2 e do T3, o que foi estatisticamente significativo. Foi observado que um maior valor de peso, comprimento e circunferência equatorial do fruto foi observado em Ti seguido por T2 e T3. Os resultados mostraram que o sistema automatizado de fertirrigação por gotejamento em estufa (Ti) registrou a maior produção de frutos de 23,86 t ha$^{-1}$ e isso foi estatisticamente significativo sobre os outros tratamentos. Este foi seguido pelo T2 com 7.711 ha$^{-1}$ e que também foi estatisticamente significativo contra o controlo (T3) que registou o rendimento de 3.63 t ha$^{-1}$ .

Do presente estudo pode inferir-se que o sistema de fertirrigação automática instalado no interior da estufa (Tl) pode ser considerado como o melhor tratamento, uma vez que deu o valor máximo dos parâmetros de rendimento e das observações biométricas. Assim, pode concluir-se que o sistema desenvolvido para a fertirrigação automática assegurou um melhor rendimento para a variedade de pepino 'Saniya' cultivada dentro da estufa. Além disso, sendo totalmente operado com energia solar, o sistema pode ser instalado em locais remotos e rurais para reduzir o custo de produção e aumentar o rendimento.

Futuras investigações podem ser realizadas para comparar a eficiência do sistema dentro da estufa e em campo aberto, podem ser realizados estudos comparativos entre o método de fertirrigação baseado em temporizador e o método baseado em sensores e o sistema pode ser modificado para um sistema de controlo sem fios através de um modem GSM.

# APÊNDICES

**Apêndice I: Programa de fertilização em estufa automatizada com 186 plantas**

| Sl no | NH₄NO₃ (g) | NH₄H₂PO₄ (g) | K₂SO₄ (g) | Time of pumping (min) | | | Quantity of water/min (l/min) | | | Total quantity of water (l) | | |
|---|---|---|---|---|---|---|---|---|---|---|---|---|
| | | | | P1 | P2 | P3 | P1 | P2 | P3 | P1 | P2 | P3 |
| 1 | 600 | 132 | 128 | 3 | 3 | 1 | 1.3 | 0.7 | 1.7 | 3.9 | 2.1 | 1.7 |
| 2 | 600 | 132 | 128 | 3 | 3 | 1 | 1.3 | 0.7 | 1.7 | 3.9 | 2.1 | 1.7 |
| 3 | 200 | 132 | 128 | 1 | 3 | 1 | 1.3 | 0.7 | 1.7 | 1.3 | 2.1 | 1.7 |
| 4 | 200 | 132 | 128 | 1 | 3 | 1 | 1.3 | 0.7 | 1.7 | 1.3 | 2.1 | 1.7 |
| 5 | 0 | 0 | 0 | 0 | 0 | 0 | 1.3 | 0.7 | 1.7 | 0 | 0 | 0 |
| 6 | 200 | 132 | 128 | 1 | 3 | 1 | 1.3 | 0.7 | 1.7 | 1.3 | 2.1 | 1.7 |
| 7 | 200 | 132 | 128 | 1 | 3 | 1 | 1.3 | 0.7 | 1.7 | 1.3 | 2.1 | 1.7 |
| 8 | 200 | 132 | 128 | 1 | 3 | 1 | 1.3 | 0.7 | 1.7 | 1.3 | 2.1 | 1.7 |
| 9 | 200 | 132 | 128 | 1 | 3 | 1 | 1.3 | 0.7 | 1.7 | 1.3 | 2.1 | 1.7 |
| 10 | 0 | 0 | 0 | 0 | 0 | 0 | 1.3 | 0.7 | 1.7 | 0 | 0 | 0 |
| 11 | 200 | 132 | 128 | 1 | 3 | 1 | 1.3 | 0.7 | 1.7 | 1.3 | 2.1 | 1.7 |
| 12 | 200 | 132 | 128 | 1 | 3 | 1 | 1.3 | 0.7 | 1.7 | 1.3 | 2.1 | 1.7 |
| 13 | 200 | 132 | 128 | 1 | 3 | 1 | 1.3 | 0.7 | 1.7 | 1.3 | 2.1 | 1.7 |
| 14 | 200 | 132 | 128 | 1 | 3 | 1 | 1.3 | 0.7 | 1.7 | 1.3 | 2.1 | 1.7 |
| 15 | 0 | 0 | 0 | 0 | 0 | 0 | 1.3 | 0.7 | 1.7 | 0 | 0 | 0 |
| 16 | 200 | 88 | 128 | 1 | 2 | 1 | 1.3 | 0.7 | 1.7 | 1.3 | 1.4 | 1.7 |
| 17 | 200 | 88 | 128 | 1 | 2 | 1 | 1.3 | 0.7 | 1.7 | 1.3 | 1.4 | 1.7 |

| | | | | | | | | | | | | |
|---|---|---|---|---|---|---|---|---|---|---|---|---|
| 18 | 200 | 88 | 128 | 1 | 2 | 1 | 1.3 | 0.7 | 1.7 | 1.3 | 1.4 | 1.7 |
| 19 | 200 | 88 | 128 | 1 | 2 | 1 | 1.3 | 0.7 | 1.7 | 1.3 | 1.4 | 1.7 |
| 20 | 0 | 0 | 0 | 0 | 0 | 0 | 1.3 | 0.7 | 1.7 | 0 | 0 | 0 |
| 21 | 200 | 88 | 128 | 1 | 2 | 1 | 1.3 | 0.7 | 1.7 | 1.3 | 1.4 | 1.7 |
| 22 | 200 | 88 | 128 | 1 | 2 | 1 | 1.3 | 0.7 | 1.7 | 1.3 | 1.4 | 1.7 |
| 23 | 200 | 88 | 128 | 1 | 2 | 1 | 1.3 | 0.7 | 1.7 | 1.3 | 1.4 | 1.7 |
| 24 | 200 | 88 | 128 | 1 | 2 | 1 | 1.3 | 0.7 | 1.7 | 1.3 | 1.4 | 1.7 |
| 25 | 0 | 0 | 0 | 0 | 0 | 0 | 1.3 | 0.7 | 1.7 | 0 | 0 | 0 |
| 26 | 200 | 44 | 128 | 1 | 1 | 1 | 1.3 | 0.7 | 1.7 | 1.3 | 0.7 | 1.7 |
| 27 | 200 | 44 | 128 | 1 | 1 | 1 | 1.3 | 0.7 | 1.7 | 1.3 | 0.7 | 1.7 |
| 28 | 200 | 44 | 128 | 1 | 1 | 1 | 1.3 | 0.7 | 1.7 | 1.3 | 0.7 | 1.7 |
| 29 | 200 | 44 | 128 | 1 | 1 | 1 | 1.3 | 0.7 | 1.7 | 1.3 | 0.7 | 1.7 |
| 30 | 0 | 0 | 0 | 0 | 0 | 0 | 1.3 | 0.7 | 1.7 | 0 | 0 | 0 |
| Total(g) | 5600g | 2464 | 3072 | | | | | Total (l) | 36.41 | 39.21 | 40.81 | |
| Total(kg) | 6 kg | 2.5 kg | 3 kg | | | | | | | | | |

| Sl no | NH$_4$NO$_3$ (g) | NH$_4$H$_2$PO$_4$ (g) | K$_2$SO$_4$ (g) | Amount of water taken (l) | | |
|---|---|---|---|---|---|---|
| | | | | 1 | 2 | 3 |
| 1 | 75 | 16 | 16 | 0.49 | 0.25 | 0.21 |
| 2 | 75 | 16 | 16 | 0.49 | 0.25 | 0.21 |
| 3 | 27 | 16 | 16 | 0.18 | 0.25 | 0.21 |
| 4 | 27 | 16 | 16 | 0.18 | 0.25 | 0.21 |
| 5 | 0 | 0 | 0 | 0 | 0 | 0 |
| 6 | 27 | 16 | 16 | 0.18 | 0.25 | 0.21 |
| 7 | 27 | 16 | 16 | 0.18 | 0.25 | 0.21 |
| 8 | 27 | 16 | 16 | 0.18 | 0.25 | 0.21 |
| 9 | 27 | 16 | 16 | 0.18 | 0.25 | 0.21 |
| 10 | 0 | 0 | 0 | 0 | 0 | 0 |
| 11 | 27 | 16 | 16 | 0.18 | 0.25 | 0.21 |
| 12 | 27 | 16 | 16 | 0.18 | 0.25 | 0.21 |
| 13 | 27 | 16 | 16 | 0.18 | 0.25 | 0.21 |
| 14 | 27 | 16 | 16 | 0.18 | 0.25 | 0.21 |
| 15 | 0 | 0 | 0 | 0 | 0 | 0 |
| 16 | 27 | 10 | 16 | 0.18 | 0.16 | 0.21 |
| 17 | 27 | 10 | 16 | 0.18 | 0.16 | 0.21 |
| 18 | 27 | 10 | 16 | 0.18 | 0.16 | 0.21 |
| 19 | 27 | 10 | 16 | 0.18 | 0.16 | 0.21 |
| 20 | 0 | 0 | 0 | 0 | 0 | 0 |
| 21 | 27 | 10 | 16 | 0.18 | 0.16 | 0.21 |
| 22 | 27 | 10 | 16 | 0.18 | 0.16 | 0.21 |
| 23 | 27 | 10 | 16 | 0.18 | 0.16 | 0.21 |
| 24 | 27 | 10 | 16 | 0.18 | 0.16 | 0.21 |
| 25 | 0 | 0 | 0 | 0 | 0 | 0 |
| 26 | 27 | 4 | 16 | 0.18 | 0.063 | 0.21 |
| 27 | 27 | 4 | 16 | 0.18 | 0.063 | 0.21 |
| 28 | 27 | 4 | 16 | 0.18 | 0.063 | 0.21 |
| 29 | 27 | 4 | 16 | 0.18 | 0.063 | 0.21 |
| 30 | 0 | 0 | 0 | 0 | 0 | 0 |
| Total(g) | 744 | 288 | 384 | | | |
| Total (kg) | 0.744 kg | 0.288 kg | 0.384 kg | | | |

## Apêndice III: Cálculo da quantidade de fertilizante necessária

De acordo com as recomendações do POP, a planta do pepino requer 104 kg de NH4NO3, 40 kg de 12-61-0 e 55 kg de SOP por hectare.

Número de plantas de pepino por hectare = 10000/espaçamento

= 10000/2*1.5

= 3333 Plantas/ha

Quantidade de NH4NO3 necessária para 1 planta =104/3333

=0,031 kg

Quantidade de 12-61-0 necessária para 1 planta =40/3333

=0,012kg

Quantidade de SOP necessária para 1 fábrica =55/3333

=0,016kg

Assim, a quantidade total de cada fertilizante necessária dentro da estufa de fertirrigação automatizada com 186 plantas, Quantidade total de NH4NO3 necessária =0,031*186

=5,766 kg

Quantidade total de 12-61 -0 necessária =0,012* 186

=2,2 kg

Quantidade total de SOP necessária =0,016*186

=2,9kg

Quantidade total de cada fertilizante necessária nas parcelas de controlo com 24 plantas,

Quantidade total de NH4NO3 necessária =0,031 *24

=0,744kg

Quantidade total de 12-61 -0 necessária =0,012*24

=0,288kg

Quantidade total de SOP necessária =0,016*24

=0,384kg

# REFERÊNCIAS


Ahmad, U., Subrata, M. e Arif, C. 2011. Abordagem da planta falante para sistema de fertirrigação automática em estufa. Int. J. *processamento de sinais, processamento de imagens e reconhecimento de padrões. 4:* 1-9.

Aikman, D.P. 1989. Aumento potencial da eficiência fotossintética a partir da redistribuição da radiação solar na cultura *J. J. Exp. Bot.* 40: 855-864.

Alam, A. e Kumar, A. 1980. Micro Irrigation system-past, present and future. Em: Singh, H.P., Kaushish, S.P., Kumar, A., Murthy, T.S., Jose, C. e Samuel, E. (eds.), *Micro Irrigation.* Central Board of Irrigation and Power, Nova Deli, pp. 2-17.

Anon. 2008. *Boletim técnico sobre fertirrigação.* Comité nacional para a aplicação da plasticultura na horticultura, Nova Deli.

Arora, S.K., Bhatia, A.K., Singh, V.P. e Yadav, S.P.S. 2006. Performance of indeterminate tomato hybrids under greenhouse conditions of north Indian plains (Desempenho de híbridos de tomate indeterminados em condições de estufa nas planícies do norte da Índia). *Haryana J Hortic Sci.* 35 (3&4): 292-294.

Ashokaraja. e Kumar,A. 2001.Status and Issues of fertigation in India (Situação e questões de fertirrigação na Índia). In: Singh, H.P., Kaushish, S.P., Kumar, A., Murthy, T.S., Jose, C. e Samuel, E. (eds.), *Micro Irrigation.* Central Board of Irrigation and Power, Nova Deli, 61p.

Bachav, S.M. 1995. Fertirrigação na Índia. In: *Simpósio Internacional sobre Fertirrigação*, Instituto de Tecnologia de Israel, Israel, 26 de março a 1 de abril, pp. 11-24.

Bakker, J.C. e Sonneveld, C. 1988. Deficiência de cálcio do pepino em estufa afetada pela humidade ambiental e pela nutrição mineral. *J. Hortic. Sci.* 63(2).

Ban, D., Goreta, S., e Borosic, J. 2006. O espaçamento entre plantas e a cultivar afectam o crescimento do melão e os componentes do rendimento. *Sci. Hortic.* 109: 238-243.

Bar-Yosef, B. 1999. Avanços na fertirrigação. *Adv. Agron.* 65: 1-70.

Baruah, P.J. e Mohan, N.K. 1991. Effect of potassium on LAI, phyllochrome and number of leaves of banana. *Banana.Newsl.* 14:21-22.

Bishop, R.F., Chipmon, E.W., e Mae eachern, C. R., 1969. Efeito do azoto, fósforo e potássio no rendimento e níveis de nutrientes na lâmina e pecíolos do pepino em conserva. *Can. J.Soil Sci.* 49: 297-404.

Blanco, F.F. e Folegatti, M.V. 2003. Um novo método para estimar o índice de área foliar de plantas de pepino e tomate. *Hortic. Brasileira.* 21(4): 666-669.

Boman, B. e Obreza, T. 2002. Fertigation nutrient sources and application considerations for citrus, University of Florida, IFAS Circular 1410. Disponível: http://edis. ifas.ufl.edu/CH185.

Bozkurt, S. e Mansuroglu, G.S. 2009. Os efeitos da profundidade da linha de gotejamento e níveis de irrigação na produtividade, qualidade e características de uso da água da alface. *Afr. J. Biotechnol.* 10(7): 3370-3379.

Brajuel, E. e Maillard. 2006. Avaliação do desenvolvimento de um protótipo automatizado para a gestão da fertirrigação num sistema fechado. In: 3rd IS on *HORTIMODEL,* 21 de setembro de 2006.

Chandran, M.K., Sushanth, C.M., Mammen, G., Surendran, U., e Joseph, E.J. 2011. *Manual de irrigação por gotejamento.* Centro de Desenvolvimento e Gestão de Recursos Hídricos, Kerala.

Choudhari, S.M. e More, T.A. 2002. Necessidade de fertilização, adubação e espaçamento de híbridos de pepino ginóicos tropicais. *Ata Hortic.* 588: 233-240.

Elkner, K., Kaniszewski, S., e Dysko, J. 2001. Efeitos da fertirrigação no teor de ácido ascórbico, carotenóides e fibra alimentar em frutos de tomate. *Veg. Crops Res. Bull.* 61: 69-77.

Etlez, R.Z. 1999. Efeito de vários meios de cultura na qualidade da beringela e do pimento. 366: 176-182.

Farina, E., Battista, D., e Palagi. M. 2007. Automação da irrigação em hidroponia por sensores FDR - Resultados experimentais de ensaios de campo. In: *8th IS on protected cultivation in mild winter climates,* 16 de julho de 2007.

Gantait, S.S. e Pal, P. 2011. Desempenho comparativo de cultivares de crisântemo de pulverização sob cultivo em estufa e em campo aberto em diferentes datas de plantação. *J. Hortic. Sci.* 6(2): 123-129.

Gireesha,G. 2003. Estudos de estabelecimento de culturas para aumentar a produtividade do algodão irrigado (cv. MCU 12). Tese de Mestrado (Ag). Universidade Agrícola de Tamil Nadu, Coimbatore.

Gomez, K. A. e Gomez, A.A. 1984. *Statistical procedure for agricultural research* (2nd Ed.). Wiley Interscience Publication, Newyork.

Gowda, N.V. 1996. Nutrição e gestão da irrigação em casa de vegetação: Singh, H.P., Kaushish, S.P., Kumar, A., Murthy, T.S., Jose, C. e Samuel, E. (eds.), *Micro Irrigation.* Central Board of Irrigation and Power, Nova Deli, 43 Ip.

Hagin e Lowengart, A. 1996. Fertirrigação para minimizar a poluição ambiental por fertilizantes. *Fertil. Res.,* 43(3): 5-7.

Hakkim, V.M.A. e Chand, A.R.J. 2014. Efeito dos níveis de irrigação por gotejamento na produção de pepino para salada em estufa ventilada naturalmente. *IOSR J. Eng.* 4(4): 18-21.

Haynes, R.J. 1985. Princípios de utilização de fertilizantes em culturas irrigadas por gotejamento. *Fertil. Res.* 6: 235-255.

Haynes, R.J. 1985. Princípios de utilização de fertilizantes em culturas irrigadas por gotejamento. *Fertil. Res.* 6: 235-255.

Hochumuth, G.J. and Smajstria, A.G. 2003 Fertilizer application and management for micro (drip) - Irrigated vegetables in Florida. Disponível: http ://www. seaagri.com/ docs/fertilizer_ application_for_drip_irrigated_veg etables.pdf.

Iacomi, C., Rosea, I., Madjar, R., Iacomi, B., Popcsu, V., Varzaru, G., e Sfeetcu, C. 2014. Automação e tecnologia baseada em computador para pequenos agricultores de hortaliças. *Sci. Pap. Ser. Agron.* 7: 2285-5785.

Imas, P. 1999. Técnicas recentes de fertirrigação de culturas hortícolas em Israel. In: *Workshop sobre tendências recentes na gestão da nutrição em culturas hortícolas.* 11-12 de fevereiro de 1999. Dapoli, Maharashtra, Índia.

Jain, V.K., Shukla, K.N., e Singh, P.K. 2001. Resposta da batata sob irrigação por gotejamento e cobertura plástica, In: Singh, H.P., Kaushish, S.P., Kumar, A., Murthy, T.S., Jose, C. e Samuel, E. (eds.), *Micro Irrigação.* Central Board of Irrigation and Power, Nova Deli, pp. 49-27.

Jat, R., Wani, S., Sahrawat, K., Singh, P. e Dhaka. Fertirrigação em culturas hortícolas para maior produtividade e eficiência na utilização de recursos. *Indian J. Fertil.* 7(3): 22-37.

Jayakumar, M., Surendran, U. e Manickasundaram, P. 2014 Efeitos da fertirrigação por gotejamento no rendimento, absorção de nutrientes e fertilidade do solo do algodão Bt em trópicos semi-áridos. *Int. J. Plant Prod.* 8(3).

Jayaprasad, K.V. e Sulladmath, S. 1978. Influência de N, P e K no crescimento, produção e qualidade da rosa de chá híbrida CV. Super Star. *S. Ind. Hortic.* 122-131.

UAE (Universidade Agrícola de Kerala) 2011. *Package of Practises Recommendations" (pacote de recomendações de práticas). Crops* (14th Ed.). Universidade Agrícola de Kerala, Thrissur, 175p.

Kaur, B. e Kumar, D. 2013. Desenvolvimento de um sistema de fertirrigação automatizado de controlo da composição de nutrientes. *Int. J. Comput. Sci. Eng. Appl.* 3: 2-65.

Khan, M.M., Shivashangar, K., Manohar, K. R., Sreerama, R. e Kariyanna. 1999. In: Singh, H.P., Kaushish, S.P., Kumar, A., Murthy, T.S., Jose, C. e Samuel, E. (eds.), *Micro Irrigation.* Central Board of Irrigation and Power, Nova Deli, 79p.

Klein, L., Levin, L., Bar-Yosef, B., Assaf, R.. e Berkovitz, A. 1989. Fertirrigação com azoto por gotejamento de macieiras 'Starking Delicious'. *Plant and Soil.* 119(2): 305-314.

Kumar, A. 1992. Fertirrigação através da irrigação por gotejamento. Em: Singh, H.P., Kaushish, S.P., Kumar, A., Murthy, T.S., Jose, C. e Samuel, E. (eds.), *Micro Irrigação.* Central Board of Irrigation and Power, Nova Deli, pp. 349-356.

Kumar, V.G., Mani, T.D., e Selvaraj, P.K. 2007. Irrigação e programação de fertirrigação sob irrigação por gotejamento na cultura do brinjal. *IJBSM.* 1(2): 72-76.

Kumari, G.V.L. e Anitha, S. 2006. Nutrient management in Chilli based cropping system. *Indian J. Crop Sci.* 1(1-2): 209-210.

Li, J., Zhang, J., e Rao, M. 2004. Padrões de humidade e distribuição de azoto afectados pelas estratégias de fertirrigação de uma fonte pontual de superfície. *Agric. Water Manag.* 67(2): 89-104.

Locasscio, S.J. 2000. Manejo da irrigação para hortaliças: passado, presente e futuro. *Horic. Technol.* 15:482-485.

Manickasundaram, P. 2005. Princípios e práticas de fertirrigação. Em: Kandasamy, O.S., Velayudham, K., Ramasamy, S., Muthukrishnan, P., Devasenapathy, P. e Velayuthan, A. *Farming for the future: Ecological and Economic Issues and Stratagies.* s.l., s.n., pp. 257 - 262.

Marcelis, L. F. M. 1994. Um modelo de simulação para partição de matéria seca em pepino. *An. de Bot.* 74(1):43-52.

Marcelis, L.F.M. e Koning De, A.N.M.. 1995. Partição de biomassa em plantas. In: Bakker, J.C., Bot, G.P.A., Challa, H., Van de Braak, N.J. (Eds.), *Greenhouse Climate Control ± An Integrated Approach.* WageningenPers, Wageningen, pp. 84-92.

Mikkelsen, R.L. 1989. Fertilização de fósforo através de irrigação por gotejamento. *J. Prod. Agric.* 2(3): 279-286.

Millard, P. 1996. Ecofisiologia do ciclo interno do azoto para o crescimento das árvores. *J Plant Nutr. Soil* Sci. 159 (1): 1-10.

Mortvedt, J.J. 1997. Nutrição mineral de culturas em estufa. Em: Singh, H.P., Kaushish, S.P., Kumar, A., Murthy, T.S., Jose, C. e Samuel, E. (eds.), *Micro Irrigation.* Central Board of Irrigation and Power, Nova Deli, 43 Op.

Nakayama, F.S. e Bucks, D.A. 1991. Qualidade da água na irrigação por gotejamento/trégua: uma revisão. *J. Irrig. Sci.,* 12:187-192.

Narayanamoorthy, A. 2001. Adoção da utilização recomendada de fertilizantes e seus impactos no rendimento do arroz: uma análise dos determinantes na região irrigada por águas subterrâneas. *Artha Vijnana. 38 (4)'.* 387-406.

Narayanamoorthy, A. 2006. Potencial de irrigação por gotejamento e aspersão na Índia. In: Actas do workshop sobre análise de *questões* hidrológicas, sociais e ecológicas *do NRLP,* Colombo, Sri Lanka. Instituto Internacional de Gestão da Água, Sri Lanka. 500 p.

Narda, N.K. e Chawla, J.K. 2002. Um submodelo simples de nitrato para batatas fertirrigadas por gotejamento. *Irrig. Drain.* 51: 361-371.

Neilsen, D. e Neilsen, G.H. 2002. Utilização eficiente do azoto e da água em pomares de macieiras de alta densidade.Hortic.Technology. 12:19-25.

Neilsen, G.H., Neilsen, D. e Peryea, F.J. 1999. Resposta do solo e das árvores de fruto irrigadas à fertirrigação ou a aplicações a lanço de azoto, fósforo e potássio. *Hortic. Technol.* 9:393-401.

Neto, A.J.S., Zolnier, S. e Lopes, D.C. Desenvolvimento e avaliação de um sistema automatizado para controlo da fertirrigação na produção de tomate sem solo. Comput.*e Electr. in Agric.* 103 (2014) 17-25.

Patel, N. e Rajput, T.B.S. 2011. Simulação e modelação do movimento da água na batata *SSoOnnumhleirromm). The Indian J. Agric. Sci.* 81: 25-32.

Prabhakar, M. e Hebbar, S.S. 1996. Micro Irrigação e Fertirrigação em Capsicum e tomate. In: *National Seminar on Problems and Prospects of Micro Irrigation - A Critical Appraisal,* Banglore, 19-20 de novembro de 1999, pp.60-68.

Raine, S.R. e McCarthy, A.C. 2014. Avanços no sistema inteligente e autónomo para melhorar a eficiência da irrigação e dos fertilizantes. Disponível:http://www.massey.ac.nz/~ flrc/workshops/14/ Manuscripts/Paper_Raine_2 014.pdf.

Rajasekharan, G. e Nandini, K. 2015. Caracteres fotossintéticos em relação ao rendimento de pepino cultivado em poly house naturalmente ventilado. *J. of Trop. Agric.* 53(2): 200-205.

Ramnivas, Kaushik, R. A., Sarolia, D. K., Pareek, S. e Singh V. 2012. Efeito da programação da irrigação e da fertirrigação no crescimento e no rendimento da goiaba *P> iidimiiuiiciici\'ciL.)* sob pomar de prado. *Afr. J. Agric. Res.* 7(47): 6350-6356.

Romheld, V., .Jimenez-Becker, S., Neumann, G., Patrick, J.,Onyango, G., Puelschen, L.,Spreer, W.

e Bangerth, F. 2005. Efeitos não nutricionais da fertirrigação como um desafio para melhorar a produção e a qualidade na horticultura. Em Fertigation *Proceedings: Artigos seleccionados do Simpósio Internacional de Fertirrigação IPI-NATESC-CAU-CAAS,* 20-24 de setembro de 2005, Pequim/China.

Salih, Adorn, A.H., e Shaakaf, A.Y.M. Sistema de Controlo de Fertirrigação Automatizado Alimentado por Energia Solar para o Cultivo de CucumisMelo L. em Casa de Campo. *APCBEE Procedia.* 4(2012):79 - 87.

Samra, J.S. 2005. Micro-irrigação e fertirrigação para aumentar a eficiência do uso da água na Índia. *Souvenir - Conferência Internacional sobre Plasticultura e Agricultura de Precisão.* 21-29.

Sharma, A., Kaushik, R.A., Sarolia, D.K. e Sharma R.P. 2011. Response of cultivars, plant geometry and methods of fertilizer application on parthenocarpic cucumber *(CucumissativusL,)* under zero energy polyhouse condition. *Veg. Sci. 38(2): 215-217.*

Shedeed, I., Sahar, M., ,Zaghloul, A. e Yassen, A. 2009. Efeito do método e da taxa de aplicação de fertilizantes sob irrigação por gotejamento no rendimento e na absorção de nutrientes pelo tomate. *Ozean J. of Appl. Sci.* 2(2): 139-147.

Shirgure, P.S. 2013. Fertirrigação de citrinos - uma tecnologia de poupança de água e fertilizantes. *Sci. J. Crop Sci.* 2(5): 56-66.

Singh, A.K., Khanna, M.D., Chakraborty e Kumar, A. 2001. Em: Singh, H.P., Kaushish, S.P., Kumar, A., Murthy, T.S., Jose, C. e Samuel, E. (eds.), *Micro Irrigation.* Central Board of Irrigation and Power, Nova Deli, 442p.

Singh, H.P., Kumar, A., e Samuel, J. C.2000. Micro irrigação para culturas hortícolas. *Indian Hortic.* 45(1): 272-276.

Singh, V.K. 2009. Avanços na tecnologia de materiais plásticos: Uma Perspetiva Global. In: *Actas da Conferência Internacional sobre Plasticultura e Agricultura de Precisão,* 17-21 de novembro, pp. 523-528.

Singh, S.K., Singh, P.K., Singh, K.K. e Shukla. 2001. Estudos sobre a instalação de irrigação por gotejamento para lichia na região de Bhabhar de Uttar Pradesh. In: Singh, H.P., Kaushish, S.P., Kumar, A., Murthy, T.S., Jose, C. e Samuel, E. (eds.), *Micro Irrigation.* Central Board of Irrigation and Power, Nova Deli, 297p.

Singh, H.K. and Singh, A.K.P. 2005.Effect of refrigeration on fruit growth and yield of papaya with drip irrigation. *Environ. Ecol.* 23: 692-695.

Singhandhube, R.B., Rao, G.G.S.N., Patil, N.G. e Brahmanand, P.B. 2003. Estudos de fertirrigação e programação de irrigação no sistema de irrigação por gotejamento na cultura do tomate. *Eur. J. Agron.* pp. 1-17.

Sreedhara, D. S., Kerutagi, M.G., Basavaraja, H., Kunnal, L.B. e Dodamani, M.T. 2013. Economia da produção de capsicum em condições protegidas no norte de Karnataka. *Karnataka J. Agric. Sci.* 26(2):217-219.

Srinivas, K. 1999. Micro Irrigação e Fertirrigação. Em: Singh, H.P., Kaushish, S.P., Kumar, A., Murthy, T.S., Jose, C. e Samuel, E. (eds.), *Micro Irrigation.* Central Board of Irrigation and Power, Nova Deli, 79p.

Vargheese, A., Balan, M.T., Sajna, A. e Swetha, K.P. 2014. Feijão-caupi dentro de estufa com níveis variáveis de irrigação e fertirrigação. Int. *J. Eng. Res. Dev.* 10: 18-21.

Weinbaum, S.A., Johnson, R. S., e DeJong, T. M. 1992. Causas e consequências da fertilização excessiva em pomares. *Hortic.Tech.* 2(1): 112-121.

Wilson, C. e Bauer, M. 2005. Drip Irrigation for home gardens (Irrigação por gotejamento para jardins domésticos). Disponível em: http://prepperchicksO.homestead.com/~ local/~Preview/

Drip_Irrigation_for_Home_G ardens.pdf.

Yasser, E., Essam, A., e Magdy, T. 2009. Impacto da programação da fertirrigação no rendimento do tomate em condições de ecossistema árido. *Res. J. Agric. Biol. Sci.* 5(3): 280-286.

yes
**I want** morebooks!

Buy your books fast and straightforward online - at one of world's fastest growing online book stores! Environmentally sound due to Print-on-Demand technologies.

Buy your books online at
**www.morebooks.shop**

Compre os seus livros mais rápido e diretamente na internet, em uma das livrarias on-line com o maior crescimento no mundo! Produção que protege o meio ambiente através das tecnologias de impressão sob demanda.

Compre os seus livros on-line em
**www.morebooks.shop**

Printed by Books on Demand GmbH, Norderstedt / Germany